U0073633

★夢想與奇蹟之書★

642財富大躍遷

跟著贏家複製成功

各位讀者大家好：

我是人脈大師翁總！為了完成創業的夢想，過去我曾經負債千萬，而今我身價上億財富自由，究竟是依靠什麼樣的觀念與技能逆襲翻身？有三個要點，瞭解之後你也可以收入翻十倍到一百倍 ！

第一點是以小博大借平台、借品牌。想創業，沒有資源、沒有人脈都是藉口，市場上一定有可以讓你小小投入就能創業加盟的項目，他們會提供你各種培訓與行銷資源，可以快速提升你的知識能力，只要你稍微用點心，選對適合自己的平台，不用像傳統那般研發產品、付房租、裝修店面、搞囤貨才開始找客戶，一開店就要花費幾百萬，一般人是承受不了這種風險和壓力。選擇不對努力白費，在新經濟平台創業，用小小的成本加上掌握關鍵知識，年收入百萬是輕輕鬆鬆能辦到的。

第二點是借人之力。小成功靠自己，大成功靠團隊，如何吸引客戶招募人才，形成凹凸互補的團隊，唐僧有四人小組才能完成西方取經，梁山泊108條各路好漢方可稱霸一方，所有的企業家都不是靠自己單幹成功，而是能描繪願景、組織團隊、培訓人才而達成目標。你知道嗎？創業路上只有行銷業務是收入，其他都是支出。不會打造能收錢的業務系統，那創業之路肯定很辛苦。

第三點是借人之智。摸索是創業最大的成本，透過已經證明有效的方法，在已達到結果的導師帶領下，可以省下不少試誤的代價，時間的成本更是無價，如果有行業頂尖的大佬將他通往成功的藏寶圖分享出來，將減少你十年的痛苦摸索與迷茫，增加十年財富自由可以陪伴父母子女的幸福生活，你覺得價值多少呢？

網路營銷這個生意的投入其實不算大，卻是非常多人看不懂，裡面結合創業最重要的銷售與行銷的知識，招募人才組建團隊的關鍵，不懂這些東西又想自己創業，那肯定是賠錢的下場居多，任何行業裡專家才是贏家！這本《642財富大躍遷》告訴我們可複製生意的重要性，裡面有從0到1如何讓一個人啟動事業的詳細步驟，匯集了建設自動化銷售團隊的成功故事、流程及所需要表格工具，照著此書走一輪不出半年內收入必然翻倍再翻倍！

財富女神股份有限公司總經理
全球百萬人團隊101系統創始人 翁承旭

倍增的力量讓你越來越有錢

知名企業家羅伯特・G・艾倫曾經說過：要實現財富自由、並為家庭、生活帶來保障，就要發展出一項以上的收入來源，做到「睡覺也能賺錢」的生活狀態。要做到不只一個收入來源，一般人通常是工作外加兼職和投資，但其實這都不是高效率的收入來源，這兩種方法不是販賣歲月，就是大起大落，要能夠達到財富自由的理想狀態，就必定要開拓異於兩者的生財之道，而能夠突破這兩者限制的賺錢方式就是直銷。

在《富爸爸窮爸爸》一書中，作者提到四種收入來源和工作型態，分為E（員工）、S（自僱者）、B（企業家）及I（投資者）四個象限，許多人不只身處單一的象限中，但不管目前是處於哪一種象限的狀態裡，只要能夠讓不需工作也能得到的被動收入大於生活開銷，就能達到財務自由的目標。而直銷事業在這四個象限中屬於S和B象限，參與直銷的工作，就已經不算是為他人工作E類別了，大多數人在本職的工作外成為了為自己工作的銷售員，用自己的人脈賺錢，開拓了一條拿死薪水之外的賺錢管道。除了多數停留在S的直銷成員外，還有少部分人建立了良好的上線下關係、以優秀的系統去創建團隊，成為了能妥善運用他人時間賺取收入的B象限直銷企業家。所有對直銷抱有期待的人們，都希望能踏入B象限，但要踏入這個族群中，必須學會直銷相關的經營模式與技巧。

為什麼並不是所有做直銷的人都能倍增到財富？那是因為他們不懂行銷，無法建構有組織的業務系統！這時候就需要學習642系統了！安麗陳婉芬、如新王寬明、雙鶴古承濬……所有最知名的領袖都在默默使用、來自美國最有效的「642」！想像一下……如果你的競爭對手都在用，而你卻不知642倍增財富的精髓，你們之間的收入差距必定越來越大！

「642」到底是怎麼樣的一個系統？這個系統是用什麼方式來運作的呢？642系統最厲害的不只是做直銷，其終極目標在創造屬於系統的事業。所謂的直銷事業，說穿了就是「人」的事業。因為它會從一個人，經過推薦的結果變成三個人、五個人，到某一段時間以後，甚至百人、千人、萬人……，但這樣一層層傳遞下去，若是沒有一套系統化的方法可依循，很難保不會「走樣」。假如有一套經過證實有效、簡單又正確的方法，讓這一群有心人用這套模式來經營，就能在短時間內快速取得成績，而且是倍數成長。

直銷就是一個複製的概念，是一個比誰在同時間有最多人做同樣的事，當你的組織越多人在複製相同的事，你的組織就越穩固。

各位看坊間複製店面的連鎖商很多，超商裡賣的東西也都大同小異，但是複製最成功的還是統一的7-11，原因無它，know-how而已。

好的系統具備以下兩大條件：

① 對的價值觀

一個好的直銷系統，會給你對的價值觀，告訴你建立一個組織正確的方法和步驟，打造共同的價值觀和願景，不只是為了賺錢，而是要助人實現夢想。

② 簡單而有效的培訓

好的教育訓練可以將一名菜鳥變成領袖，最重要的是——有效！好的教育訓練會讓你的組織頻率變得一致，當你的組織成員都在同樣的目標上，你的組織會翻倍更快。

本書將教你正確的觀念和方法，幫助你真正運用642系統賺大錢，提供實務經驗給有志直銷事業的領導者。告訴你真正落實運作的know-how——

- **642系統帶人、帶線、帶體系的know-how**
- **人際網路行銷通路的know-how**
- **真正「複製」的know-how**
- **如何開始？如何起步？如何一對一？如何……的know-how**

642系統的關鍵，是讓你從心底知道自己在為什麼忙，督促著你不斷採取行動，並且打造一個扎實、向心力強的團隊，你可以看到一個人在系統裡轉變，變得懂得同理心、換位思考，學會如何創造業績，並且有使命感與責任感，同時在系統裡創富、致富。

★ ***你是否苦尋賺錢機會卻找不到好的商機？***

★ ***你是否還在為了30K薪資，早出晚歸，沒有自己的生活？***

★ ***你是否想賺錢又不想陷入拼命找人的負面迴圈？***

★ ***如果你是想創業致富的人；希望財務自由、時間自由的人，本書、642即是你的最佳首選！***

PART 1 自己不改變，任何事都不會改變

PART 2 複製系統的魔法：642

PART 3 642 成功八步

PART 4 零門檻、低成本的微創業

自己不改變，任何事都不會改變

642 Duplication System

別再用時間和勞力換取金錢

一個人想要真正獲得財務自由，必須有多個收入管道。如果你只有單一個收入來源，意味著如果這條管道突然斷掉時，你就會失去了收入，生活就此失去保障。

如果你沒有為自己策劃好四～五個不同於月薪的額外收入，那麼一旦遇到意外事故、金融危機，甚至是受疫情影響工作不保……你的生活一下子就陷入朝不保夕的窘境。

羅伯特認為，為了安全起見，你必須擁有多重收入流，擁有許多不同的收入來源。不能僅僅依靠單一的收入來源，而且必須是被動收入。被動收入的定義就是你在睡覺的時候也能賺錢。如果你不能在自己睡覺的時候賺錢，那你就永遠富不起來。

擁有一份穩定的工作並不會為你帶來財富金錢收入流。相反地，只會給你的老闆、你工作的公司創造財富和穩定的收入流。

羅伯特·G·艾倫認為人們不能只依靠一種收入來過日子，要實現財務自由，需要創造多種收入流，實現「當你睡覺的時候，依然有現金進帳」。只有「睡後收入」才能讓一個人實現真正的時間自由與財務自由。

彼得・杜拉克曾在其《真實預言——不連續的時代》書中提到第二知識職業的重要性。換個角度來看，也就是打造多重現金流。

財富是需要管理的，你的收入與現金流也是。

一般來說，收入可以歸納成四種：

① 用時間與健康換錢：TIME WORKER

簡單來說，只要你停止工作就沒有收入，無論你是SOHO族、上班族、老師、教授、律師、會計師、醫生……等，都屬於這一類。

② 用錢與時間換錢：MONEY WORKER

舉凡股市投資人、債券投資人、基金投資人、入股餐廳或公司的投資人、房地產投資人……等。

只要是拿出你自己的錢，但實質上不是因為你其他的勞力付出所造成的收入，就屬於這種。

③ 用別人的資源換錢：RESOURCE WORKER

簡單來說，合夥創業是其中一種。你用別人的時間、別人的錢，與別人合作、用別人的資源，然後換取自己的收入。

④ 建立一套系統賺錢：SYSTEM WORKER

建立一個簡單、可被輕易複製的系統，讓大家加盟、讓大家都贏。例如麥當勞之父——雷・克羅克、星巴克之父——霍華・舒茲。

無論你身處在哪一個環節、選擇哪一種賺錢方式，大多數人都屬於「知識工作者」。在彼得‧杜拉克的觀點裡，知識工作者是可以透過不斷學習提升自己的效能。當然，這也包括你的賺錢效率。

並沒有哪一種工作模式可以賺得比較多或比較久。如果你是一位剛從法學院畢業、考上執照的律師，你的收入不一定會比在路邊擺攤賣衣服的年輕女孩高。但當你累積了一定的資歷、經驗，有專業與口碑，那麼你的收入可能就會比較高了。

你可以自由搭配你所想要的收入模式與投資報酬率。沒有對與錯、好與壞，這攸關你自己的喜好與選擇。但的確有些搭配組合，可以讓你比較輕鬆地賺到錢，並且也能夠持續地更長久。

現代大學畢業生期待的收入與雇主之間產生極大的落差。這些即將進入或已經進入社會的知識工作者們，受過高等教育，期待自己成為「專業人士」。但這些雇員們的想像，卻與真正的管理者的期待有極大的落差。甚至，許多我們眼中的「知識工作者」，已經淪於早期的技術人員，必須不斷地付出勞力、時間、健康、生命，換取微薄的收入。

彼得‧杜拉克很直接地說：「大多數知識工作者並沒有領悟，他們是在有發展且待遇豐厚的工作，與耕作除草每天做十六小時、卻只能勉強度日的工作中選擇。」意思是，現今的知識工作者雖然帶來社會上極大的變革，然而，當所謂「知識工作者」不願意提升自己、持續學習，那麼世人眼中受過高等教育的這群知識工作者，其實與在農地、礦場裡辛苦工作並沒有什麼不同。

科學管理之父——佛德瑞克・泰勒先生曾經提到：「知識份子認為工作是理所當然的事。想要更多產量，就必須延長工時、努力工作。但這樣的想法是不對的，要有更多產量的關鍵，應該是『聰明地』工作，有思想地有信仰地工作。」

你若要選擇成為一個LIFE WORKER，在工作職場上獲得更多的收入，你就必須要比一般人投資更多在自己的思想判斷上，讓自己發揮最大的生產力。你可以開始思考：

◎ 你現在做的工作是不是不需要大學畢業也能做？

◎ 你現在的工作是不是必須大量、重複且辛苦地做？

◎ 你現在的工作是不是幾乎用不到專業技能？

◎ 你現在的工作是不是隨時都可以被取代？

◎ 如果答案是肯定的，那你必須思考自己的工作與以往在農業社會與工業社會有什麼不同？

你或許期望透過累積年資獲得加薪，但事實上永遠有一批新的大學新鮮人、永遠有人願意用比你要求更低的薪資來取代你、永遠有人比你願意犧牲家庭、健康、生命來換取工作？

你不是不能獲得更高的報酬，而是你要更聰明地工作！

首先，要加強的就是專業技能——甚至擁有兩項以上的專業技能，這能夠幫助你在職場上有所突破。單一專業性人才已經不足以讓資方願意付出高額的薪水。資方期待的，是一個能夠處理至少跨越兩種領域的複雜問題的人才。因此，如果你想獲得高薪，你的專業知識就必須要有非常強的「獨特性」，而且是一般人無法取代的。

「勉強應付」的工作不會讓你收入提高，自動自發、更積極主動地出擊才擁有致勝機會。

此外，你是否曾經思考過，如果你持續現在的工作，二十年後，你會成為什麼樣的人？你能夠輕易退休嗎？如果你的薪資不足以讓你退休，甚至連自己都看不見未來，那麼你為什麼還要持續現階段的狀況？

彼得・杜拉克直言：「我們應該縮短年輕人開始知識工作前的教育年限。」在我們看來，他的話是提醒世人，為了避免知識份子與企業主和社會產生過大的落差，應該盡早接受社會教育的洗禮，並且全方位地學習。

專業技能不斷精進的同時，還要學習把知識融入你的技能之中。

你必須學習站在「老闆」的角度思考，如此可以幫助你獲得更高薪水的機會，你要學習成為這些企業家的「另一顆腦袋」幫他們解決問題，他們會愛死你。如果你選擇成為一個MONEY WORKER，你同樣必須累積你在相關領域的專業知識。

如果你投資股票，你必須了解這家公司的運作、組織管理、財務報表……當你越熟悉一個公司的管理與業務，你就越容易判斷其管理是否會對財務造成重大衝擊並影響股價。

識人的能力也極為重要，公司的管理階層如果不具備好的管理人才，再光明的產業前景與產品，也無法讓你的投資報酬率提升。

如果你投資的是房地產，那麼經驗、資金與談判功力就成為你的致富關鍵。「投資」並不是一種自動能讓現金流進來的懶人致富術。相反地，你甚至需要比一般知識工作者花更多時間做全方位的研究。從總體經濟、國際情勢、趨勢判斷、政治角力、公司治理、產品規劃……等都要有所涉獵，才能在投資市場裡獲得穩定的報酬。

而最重要的是你必須要有控制情緒的能力。華倫・巴菲特曾說：「別人恐懼的時候，我要貪婪，別人貪婪的時候，我要恐懼。」我們綜觀股市裡真正能賺大錢的常勝軍，往往都是有錢的企業家，真正的關鍵，是因為他們歷經企業草創的洗禮，見過大風大浪，歷練比一般的上班族、菜籃族還多更多。加上他們掌握企業界隨時的最新動態，自然能夠精準地判斷何時該進場、何時該收手。因此，如果你真的想在投資界裡賺進大筆財富，先去經歷一段創業人生，或許更能幫助你精準判斷。

加入一家優質的直銷公司學習創業，才是完整又CP值高的創業訓練。

RESOURCE MAKER和SYSTEM WORKER是難度最高，但也是藏有最大財富的致富途徑。你可以用自身最少的資源，創造最大的績效。以管理學的角度來看，這樣的效能是極大的。

但一個真正成功的RESOURCE MAKER和SYSTEM WORKER，通常需要經歷過無數次的成功與失敗的經驗，才會累積最大的能量，創造猛暴性的財富。

台灣85度C的吳政學、王品戴勝益、阿里巴巴馬雲都是，如果不是擁有二十年成功失敗經驗，也不會有後來成功上市的結果。身為一個創業家，你必須具備良好的溝通力、判斷力、執行力、領導力與資源整合能力，你將會度過一段驚濤駭浪的旅程。

也是因為如此，你比別人多更多寶貴的經驗。這些經驗將會是你一輩子珍貴的資產，在往後的幾十年，也有可能幫助你創造驚人的財富。就像後來馬雲和蔡崇信的慧眼識英雄，都是經驗的累積。

創業不會一開始就讓你賺到錢，但你在過程所學的事物，將是用錢也買不到的財寶。成功終將伴隨著不斷地成長而來！

無論你的選擇是什麼，剛開始收入來源越多樣化越好。在大環境不景氣的前提下，我們無法準確地預知未來哪個行業會興起、哪個行業會沒落、哪個市場會崛起、哪個市場會衰退。下一個時代又是誰勝出呢？

如今區塊鏈技術、物聯網、大數據分析，應用無所不在，隨著元宇宙時代來臨，不僅AI（Artificial Intelligence，人工智慧）、VR進展加速虛擬世界到來，即將開啟新數位智能時代，徹底顛覆人類生活及產業型態，未來世界將有無限可能。掌握趨勢，靈活應變，才能持續站穩世界經濟的舞台。

收入的多重來源

未來真正值得我們羨慕的是「睡後收入」，也就是不需要花費多少時間，也不需要太多精力就可以自動獲得的收入。

羅伯特·G·艾倫所說的達到「財務自由」是指「被動收入」大於「生活所必需的開銷」。

財務自由＝被動收入＞生活必須開銷

當你達成財務自由後，你仍然可以選擇繼續工作，此時賺到的收入可以再度投資，讓生活品質更加升級！財務自由並不是讓你很有錢，而是讓你不必被工作綁住，擁有更多人生的選擇權。

而達成財務自由最重要的就是擁有被動收入、現金流。如果你希望能夠獲得穩定的收入流，而且不希望每天被工作綁住的話，你需要瞭解什麼是被動收入和如何創造被動收入。

你知道「ESBI」財富四象限嗎？你想累積被動收入嗎？「ESBI財富四象限」這概念為羅伯特·清崎在《富爸爸窮爸爸》系列叢書提出，「ESBI財富四象限」說明四種不同的收入來源與工作型態，每一種工作者，都有不一樣的工作型態。

Ⓔ Employee **象限：**

你擁有一份工作，用自己的時間、勞力換金錢的象限。

★ 一般上班族、軍公教、高階專業經理人屬於E象限。

★ E象限的人受雇於系統擁有者，為老闆工作、為企業工作。

★ E象限的人收入穩定、加薪穩定，但成長幅度緩慢。

★ E象限的佼佼者幾乎沒有方法避稅、節稅。

★ E象限的人只要一停止工作，收入就會中斷。

Ⓢ Self - Employee **象限：**

你雇用自己，用自己的時間、技能換金錢的象限。

★ 自己開診所的醫師、開自助餐廳的老闆、開會計事務所的會計師、或是夜市擺攤的攤主、個人工作室、某些領域的業務員、大部分的直銷業者、明星藝人都屬於S象限。

★ S象限的人有特殊的才能，受雇於自己，用自己的專才去賺錢。

★ S象限的人收入不太穩定，可高可低。

★ S象限的人擁有某種程度的時間自由，他們受雇於自己，可以自己決定工作時間。

★ 大部分S象限的人只要一停止工作，收入就會中斷，但也有例外。

★ 有些S象限的人會以為自己是系統擁有者，但他們不是。

★ S象限與B象限的其中一個差別在於：前者若不工作就沒有錢流進口袋，後者就算不工作，金錢也會源源不絕地流進來。

★ 組織行銷（多層次直銷）可以屬於B象限，但大部分組織行銷從業人員不懂系統組織會做成S象限，當他們一停止工作，收入就會中斷。因此在組織行銷的領域中，有沒有一套可以產生自動化工作的系統就是關鍵。

★ 當S象限懂得運用系統時，便能逐步跨入到B象限。例如，暢銷書作家運用智慧財產權保護法賺取源源不絕的版稅。

B Business Owner象限：

系統擁有者，建立系統，用他人的時間、技能或勞力換金錢的象限。

★ 建立系統的企業家、開放加盟的連鎖企業家、網路系統的創建者、組織行銷、建立通路者屬於B象限。

★ B象限的人雇用E象限與S象限的人。

★ 當B象限的人擁有一個穩定且優質的系統，即使不工作，收入也會源源不絕，達到財務與時間自由。

★ 部分B象限的人對I象限的人負責。

★ 連鎖加盟企業屬於金錢成本較高的B象限，他們建立一套有效的系統，開放加盟，讓他人複製自己的系統，擴建通路。

★ 組織行銷屬於金錢成本較低的B象限，他們學習、複製出更多領導人，藉著已被證明成功有效的系統來建立團隊。一套有成果、專業、在領域中已是典範的教育訓練系統就非常重要。

Investor象限：

金錢擁有者，讓金錢為自己工作，用自己或他人的金錢換錢的象限。

★ 房地產投資者、境外金融、股票、大宗物資、選擇權、貴重金屬、基金、資產信託等，都屬於I象限領域。

★ I象限的人熟知金錢的歷史、法規和遊戲規則。

★ I象限的人需要有大量的本錢，才有機會賺到大錢。

★ 品格不良的人擁有大量的I象限資源，會引發金融災難。

★ 從E象限或S象限直接進入I象限的人，常懷著貪婪和恐懼。

★ 如果沒有穩定的B象限系統，貿然進入I象限是非常危險的。麥當勞致富計畫必須穩紮穩打，先把系統建設起來，擁有穩定的現金流，再談投資金融衍生性商品，而且要把焦點放在經營團隊的品格與能力上。

你可以選擇你最想要的生活模式，思考一下什麼樣的生活會讓你最快樂。在每一種收入類型中，你所需要學習的技能都不相同。

要發展多重現金流的原因只有一個：是為了確保你在任何環境、任何景氣、任何狀況下，都可以有穩定的收入。如此一來，你不必擔心景氣不好被裁員、不用怕一個人時間有限，無法多接工作。

另外，我們可以把投資報酬區分為兩種：

★ 一次性收入LINEAR：花一次力氣，只能得到一次收入。

★ 多次性收入RESIDUAL：花一次力氣，卻能得到多次收入。

你工作一次，就領取一次的報酬，就是直線型收入。被動收入就是剩餘型收入，就是指那些你工作了一次，卻能拿到成千上萬次的報酬收入。你看到兩種收入的差別了嗎？

「被動收入」就是不工作也能賺到的現金流收入，而能夠為你帶來持續不斷的現金流的收入模式。作家費時三個月創作的小說，可以在將來的歲月不斷地再版印刷而取得版稅收入。股票、配息型基金、債券、出租的房地產、土地等等都是被動收入，它們都只需要一點點的時間管理，就能有持續穩定的現金收入。

用勞力換取金錢，雖然是花一次力氣，可是依然有機會能夠獲得一次性的高收入。像是演藝圈的模特兒、明星，林志玲、蔡依林、周杰倫、五月天……等人的代言收入，一次就能獲得數百萬。當然他們曾經也是從一次才幾千元的通告費慢慢累積出來的。

用勞力換取金錢，也可以只花一次力氣，就獲得多次收入。舉例來說，暢銷書作家就是很好的例子。《哈利波特》的作者——羅琳女士給我們最好的示範。她花了一次力氣寫作，但是後續的書本版權收入、電影版權收入、各式權利金授權物品，讓她不用再工作，都能擁有源源不絕的收入。

如果是投資者，也可以分為一次收入與多次性收入。若你是專攻短期的投資者，專做股票差價或是房地產買斷差價的投資者，你的收入來源就是標的物上的價差，這種就算是一次性收入。

但如果你是屬於長期的股票持有人，參與每年的配股與配息，或是長期持有房地產，專門做租賃，這就算是多次性收入。但長期投資的資金需求量大，你必須有更大、更多、更穩定的現金流，才能在投資領域賺到大錢。

如果你選擇的是創業，有些人專門成立公司然後賣掉，這種就是一次性收入。如果你是想辦法經營企業，並且創造產品的持續購買力，那麼就算是多次收入。

並沒有哪一種收入會絕對帶來比較高的收益，只要你肯思考如何「創造價值」，仍然可以獲得很高的收入。

你可以在當員工的時候將自己的薪水投資到自己所認識的人脈當中，你可以投入到股市裡去，你也可以繼續當你的自由職業者，但你需要趕快將你的資源、收入投入到B象限（成為企業主）、I象限（成為投資者）。當你右邊BI象限的收入大於左邊ES象限收入的時候，你就可以辭去左邊ES象限的工作，這也是一個安全的做法。

你可以保留工作，同時也要學著當大企業主和投資者，將日常所學、工作所得和工作所認識的人脈資源，都趕快沉澱到大企業主項目和投資項目中，所以，你即使是雇員也能成為自由職業者。

實際上，這就是在做有累積性的工作，累積到右邊BI象限才能獲得被動收入。在建立多重收入流時，我們需要根據自身的優勢來找到適合自己的財富管道，一條一條地去建立它。我們可以先從一條管道開始做，做好第一條管道後，再做第二條、第三條、第四條……依此類推。如此一來，當多重收入管道建立後，這樣才能保障我們的財富源源不斷，越積越多。

採取哪種方式並不重要，重要的是要選定一個自己真正熱衷的領域，把精力集中在這一點，在你平常的固定工作時間以外著手於該領域內的工作。

這一切都取決於你選擇後，是否有優良的經營策略與判斷力。賺得多與賺得少最大的差別，就在於你是否有足夠的經驗去成長。過去的經驗能夠幫助你做好決策，但是每跨一個新領域，過去的經驗往往就不再適用，那些經驗反而有可能成為你的絆腳石。此時，你需要的是一個好的教練。好的教練能夠減少你摸索、繞遠路的花費，而這就是屬於致富方程式的一部分。

倍增的力量讓你越來越有錢

古希臘哲學家、數學家阿基米德有一次與國王下棋，國王輸了，國王問阿基米德要什麼獎賞？

阿基米德對國王說：我只要在棋盤上第一格放一粒米，第二格放二粒，第三格放四粒，第四格放八粒………每一格都是前一格的雙倍，以此類推，按這個倍增的比例放滿整個棋盤的64個格子就行。

國王哈哈大笑說：「好！就照你所說的。」當第一排的八個格子放滿時，只有128粒米，在場的人都笑了起來，但排到第二排時，嘻笑聲漸漸消失，取而代之的是一連串的驚嘆聲，擺放到最後，眾人大吃一驚！國王本以為要不了多少糧食，結果經計算，要把棋盤上的這64格都放滿，米的總數是（2的64次方-1）精算為18847440737091516I5，需要大約1800億萬粒米，相當於當時全世界米粒總數的十倍。這就是被愛因斯坦稱之為「世界第八大奇蹟」的「倍增力量」！這就是幾何倍增學的威力！

如果您的財富和人類的三大智慧無關，是很難富有的。這三大智慧是——倍增、複利和機率（概率）。

廣泛運用於社會各個階層的市場倍增學又叫幾何倍增學，應用幾何基數的原理，經由一傳十，十傳百，百傳千，千傳萬的方式，經過幾代傳遞後，就能達到很大範圍的影響，從而達到其他行銷方式所無法匹敵的威力。

「倍增」這個詞對直銷人來而言簡直是一劑興奮劑，聽到這個詞那熱情、信心、拼勁就全都湧上來。因為倍增能帶來以下兩大效果：

市場的倍增

假如某家公司有八名直銷商，每位直銷商發展八位直銷商，到第八代時這家公司就有16777216名直銷商。也就是說這個市場是可以無窮倍增的，當然，在現實當中沒有這麼快，但藉助倍增學確實能夠迅速倍增市場，威力不容小覷。

時間的倍增

直銷能夠倍增時間，但不是增加時間，而是完成同樣的工作量，只需花費較少的時間，這是一種逆向倍增。例如公司要一對一向3000名客戶宣傳，假如要在每位客戶身上花費二十分鐘，總計需要1000小時，按照每天工作八小時計算，需要125天才能完成。但是，假如通過直銷商宣傳，到第三代就已經超過3000人。用一天的時間就能完成125天的工作，是時間上倍增的魔力。

這就是為什麼有那麼多人積極熱衷於直銷事業，因為他們懂得倍增，知道直銷能倍增我們的時間與財富。直銷都是先從加入一個團隊、一個系統開始的，當你的團隊逐漸壯大，市場逐漸倍增的時候，你就要開始培養新的領導人，經營自己的組織。將好的銷售者培養成為優秀的經營者，成為倍增的力量。將團隊成員的價值無限放大，讓團隊的力量得到倍增，讓各個成員獲得應有的回報，從而達到整個直銷系統的提升。

然而想在直銷中實現倍增是有條件的，這個條件就是要有一個保證百分之百複製的系統，形成可複製經營的事業，但難就難在人是主觀的動物，願意被別人複製，並且又願意去複製別人，這是很大的挑戰。

人的事業要100％複製是非常難的，但7-11與麥當勞之所以能夠成為龍頭，是因為7-11在台灣就100％複製了五千多家的分店，而且每一家分店的商品擺設幾乎都一模一樣，麥當勞也是一樣。由此可見，想要在一個環境當中，快速的成功，最快的方法就是要做到百分百複製。於是就要制定統一的培訓課程、視頻及錄音檔，讓直銷系統內部人員能迅速消化所有知識和方法。讓直銷夥伴在系統中獲得統一的指導，才能將簡單、複製的方法傳授出去，輕輕鬆鬆倍增人脈和市場。

642這個系統，就是一個讓團隊、讓組織可以倍增的系統，假如我們100％完整複製，建立團隊將可以遍地開花。讓我們一起發揮團隊倍增的力量吧！

建立團隊改變命運

一個人的努力，是加法效應；一群人的努力，是乘法效應，這就是團隊的力量。

每個人心中都有自己的夢想和信念，團隊實現倍增的前提之一就是把每個人的夢想，甚至相互矛盾的信念整合為統一的標準，建立起一個共同的願景和信念，成為每個團隊成員共同的奮鬥目標和使命。

團隊是你完成夢想的生活圈，也是一個幫助你完成夢想的環境。所以你希望你的團隊是什麼樣子的呢？團隊的核心理念、提供的資源、團隊文化……等，是你在組織團隊，增員時就要有明確的方向與藍圖，你才知道要找什麼樣的成員，哪一類型的成員才會與你「同心」、對你有向心力，銷售是尋找，不是說服，因為如果找對人，根本不需要費力說服，有興趣、認同你的人就會主動說：「YES ！我要加入。」

「使命」、「目標」，就是：為什麼要成立這個團隊、這家企業？這家企業、這個團隊要有什麼貢獻？要創造什麼樣的顧客？

王品集團的使命是：以卓越的經營團隊，提供顧客最優質的餐飲文化體驗，善盡企業公民的責任。

優衣庫的使命是：以合宜價格，為每個人提供適合於任何時候及場合穿著的時尚、高品質的基本休閒服裝。

台積電的使命是：成為全球最先進及最大的專業積體電路技術及製造服務業者，並且與我們無晶圓廠設計公司及整合元件製造商的客戶群共同組成半導體產業中堅強的競爭團隊。

這些全都是卓越企業的使命，而你可能會好奇企業的使命和打造萬人團隊有什麼關係？

把「企業」換成「你」，就變成「你的使命」。

你的生命要有目標、有信念、有靈魂、有熱情——只要你有使命。

在你心中種下一顆種子，讓你對生命有熱情、有動力，而不只是每天單純地起床、上班、吃飯、下班或加班、睡覺，日復一日。要讓你的生命變得更好玩、更酷、更牛逼，更具實用價值，「你未來的事業」是什麼？這些都是要由你自己去找出答案。

你的使命是什麼？要賺多少錢，你才會快樂……

為什麼你會寫出這樣的使命？

在尋找真正的自我的道路上，可能只有你能前往，也只有你自己有答案，只有你自己能找到答案——只屬於你的答案。真誠、誠實、勇敢面對你內心真實的感受吧。所以，要不斷問：

★ 為什麼？

★ 為什麼？

★ 為什麼？

在問「如何賺大錢」之前，你要想「為什麼要賺大錢」？

在問如何建立萬人團隊前，要問自己為什麼要建立萬人團隊？

所以現在，請你再思考一次！

而你在建立團隊時，你要和潛在夥伴溝通的重點不是「產品」，而是「複製成功」與「倍增」模式，是商品所帶來的「商機」，是「賺錢機會」，是透過改變人生選擇所帶來的夢想和願景。

打造團隊就像是推進一個大機器運作，往往團隊絕大比例都是很普通的素人，一個新人剛加入項目，最好的狀態就前三個月。如果這三個月沒有為他帶來收穫，讓他看到希望，積極度就會日益減弱。所以要考慮到素人如何快速上手，要快速就一定要標準化打造。其好處如下：

底層能快速複製，團隊就能快速裂變

有的人能力很強即使不學團隊方法，也能帶來不少成果。但是他的方法就不能也沒辦法複製給素人，如果沒有一套標準，複製就會不到位，團隊就裂變不起來。

複製的核心在於打造標準件，所以一定要做標準複製件，用同一套模具做出來的效率才高。

底層新人依著一套有系統的方法、步驟去執行，就能快速上手，團隊裂變起來肯定越來越快，過去可以只有綜合能力強的人有產值，只有核心人動，有了標準化複製就能讓全員都動起來，創造倍數業積。

新人快速上手，出結果也快

新人培訓不要搞得太複雜，從結果去跑流程，重在實用而有效，讓新人學完立馬就實戰作業。如果有一百人，一人出一單，一下子就帶來了一百單，一人出兩單就有兩百單。再普通的人一人做兩單並不會太難，實在能力不行就把他當作消費者就好了，不要在他身上浪費太多時間。

當新夥伴加入後，系統會自動提供公司、產品、制度、團隊、系統……等訓練資料，Step by Step教授如何透過642系統，簡單、快速、自動化。新人一加入，我們便要將組織的成功模式導入，讓新人一開始就有個明確的方法和步驟，並且透過我們有效的陪同與協助，讓他們能快速進入狀況、步上正軌賺上錢，如此一來組織的倍增力量才有辦法有效發揮，不用再花太多寶貴時間去輔導、教育夥伴，因為大部分的訓練，系統都替我們解決了。

總之，培訓系統絕不簡單，由零開始做起亦會很費心，羅馬非一日建成，建立培訓系統需要很多人的努力和毅力，但建立之後就是團隊發展的助力，建立一幢高樓大廈最後決定它的高度能有多高，並不是中間的用料有多好，是根基打得有多深，個人發展如是，團隊發展更甚。

 用系統來賺錢

複製倍增的力量到底有多大呢？倍增的力量＋系統的力量＝指數成長。

如果想讓組織持續成長，又想讓自己享受直銷帶來的財富自由、時間自由，那麼「建立系統」就是最好的方法。

假設你不斷地賣產品，那你就只能一輩子做個銷售員，如果只是單純做銷售，沒有更進一步去發展你的團隊，網羅與你志同道合渴望財務自由的成員，沒有去增員，僅透過複製發展系統，以有限的人脈倍增無限的人脈，再透過無限的人脈創造無限的財富，是很難在組織行銷中賺大錢。直銷就是一個複製的概念，是一個比誰在同時間有最多人做同樣的事，若你的組織有越多人在複製相同的事，你的組織就越穩固。唯有複製系統，你才能真正享受到「錢自動流進來」的生活。

《富爸爸窮爸爸》系列書裡提到一個很重要的觀念，那就是富人們之所以有錢，關鍵在於建立「系統」，如果你希望、渴望得到真正的財富自由，那你就要問自己一個問題——當你建立起團隊後，你的團隊是否能夠「自動化運作」？因為一個能夠自動化運作的團隊，才能真正讓你有時間去享受生活、陪伴家人並且完成夢想，而倍增系統就提供你一個自動化運作的系統平台。

什麼叫系統呢？簡單的來說，就是靠團隊的力量，透過某種平台（比如說網路）或組織（例如教會、公司……等）把人凝聚在一群，

互相合作。建立系統意味著在某一範圍內自己可以制定遊戲規則，自己當領頭人。從開發、跟進、成交，到輔導，讓複製可以系統化、流程化、自動化，組織成員只要跟著系統的腳步，百分之百的複製，一步一腳印，踏實地去做，組織就能迅速翻倍；唯有透過單一、強大、簡單的教育系統，才能發揮最大的力量！

WWDB642是世上最頂尖的架構通路、建立系統的方法，WWDB642的訓練每個直銷人都該經歷過一次，你才知道什麼叫做真正的團隊，什麼叫做潛能激發，你會在這裡脫胎換骨。

這個系統最強大的不是教你銷售技巧，這個系統的關鍵，是讓你從心底知道自己為了什麼忙，逼著你不斷採取行動，並且打造一個扎實、向心力強的團隊，你不一定會在組織行銷賺大錢，但你可以因為這個訓練而有很大的啟發，獲得終生的正能量。

啟動獨一無二的成功事業

什麼是你獨一無二的成功事業？

你的成功事業是你專屬的、全世界唯一僅有的、沒有人可以偷走或模仿的——只要你願意遵照我們的方式、並認真和我們互動。

剛開始你的成功事業必須同時滿足三個條件，缺一不可：

★ **熱情：**你願意投注最多時間的領域。

★ **強項：**對你而言時間投資報酬率最高的領域，而且極有機會成為領域中的典範。

★ **經濟效益：**讓你保有時間、錢，至少能活下去的領域。

請畫出三個圈圈，上面一個，下面左右各一個，讓三個圈圈各自都有一部分和其他兩個圈圈重疊，最中間是三個圈圈同時交疊的部分。在第一個圈圈填上「熱情」；第二個圈圈填上「強項」；第三個圈圈填上「經濟效益」。

認真地想一想，並寫下來：

Q 你對什麼事業充滿熱情？

Q 你在哪個領域磨練一萬個小時，能達到該領域的世界頂尖水準？

Q 你的經濟引擎靠什麼來驅動？

而你畫出的三個圈圈中間重疊的部分，就是你的成功事業—獨一無二的成功事業。

這三個圈圈可以讓你覺得工作很好玩、讓你成為世界最酷的人、讓你創造出對世界有實用價值的事。

這是你獨一無二、無可取代的優勢領域，你由衷感到很好玩、很酷、很有實用價值的成功事業。

當你從事你的成功事業，你會感到很開心、很有成就感，而且賺很多錢。

第一個條件：熱情

建立萬人團隊成功事業必須同時滿足三個條件，缺一不可。「熱情」是第一個要優先考慮到、也是最重要的。

你不熱愛的事情，你不會覺得好玩；你覺得不好玩的事情，你不會持之以恆；遇到困難，一次、兩次、三次，你就會放棄。你有可能在一個領域達到頂尖，但你若不熱愛，就算你的實力再頂尖、能賺的錢再多，你也會懶得做。

籃球大帝麥可・喬登曾說：「我成功，是因為我站起來的次數，比失敗多一次。」

「在我職業籃球生涯中，有超過9000球沒投進；輸了近300場球賽；有26次我被託付執行最後一擊的致勝球，而我卻失手了。我的生命中充滿了一次又一次的失敗，正因如此，我成功……。」

「我打籃球，是因為我愛……，而打籃球順便能幫我賺錢。」

麥可・喬登如果不熱愛籃球，是不會越挫越勇的。如果你不熱愛某件事，能驅動你的不是貪婪、就是恐懼。如果你不熱愛上班，卻每天硬要起床去上班，那驅動你的不是高額的薪資、就是害怕失去生活費的恐懼感。如果你不熱愛房地產，卻去研究房地產，那你只是想賺錢而已，你為自己而戰，而不是為貢獻而戰。如果背後驅動你的不是熱愛與興趣，那就只會是貪婪或恐懼。

你必須鍾愛一件事物，你才會願意花心力去研究它，然後了解它、熟悉它，最後成為該領域的頂尖人物。

致富的法則之一是：從事你熱愛的工作。找個你熱愛的工作，這樣你工作時就會是快樂的。

你的財富是和你服務的人數成正比的，如果你只是單純的雇員、上班族，你如何能提高你的效能去服務更多的人？你覺得老闆都很摳嗎？那是因為他們不知道你對企業能有什麼貢獻？多數的老闆也不太清楚要如何才能找出你的貢獻、也不知道要把你放在什麼位置？因為他們怎麼會知道連你自己都不知道的自己呢？

你知道每個人都可以創造出只屬於自己、獨一無二的創新產業嗎？創新不是用教的，而是激發出來的。要積極去激發出只屬於你自己的創新能力，請真誠地面對自己內心的感受去回答以下的問題，你會知道你這一生注定要完成什麼事、想從事什麼麼樣的行業？

Q 你覺得你衷心熱愛的領域是什麼？

Q 你的興趣是什麼？你平常的消遣是什麼？沒有工作時都在做什麼？

Q 什麼事是你不用他人鞭策，你就能自動自發去做的？

Q 什麼事是你一生中一定要做的？

以上的問題，是為了協助你找到你熱愛的領域。

 第二個條件：強項

建立萬人團隊創造成功事業的第二個條件是「強項」。就是找到你的優勢利基。

如果你是小小動物園的園長，你一定很清楚：小鴨的強項是游泳，你就不該讓牠去跑步、爬樹；小老鷹的強項是飛行，你不能用死板的標準去衡量牠。就像學校用一個人的總分與名校文憑，去衡量一個人的優秀與否；社會大眾用月收入高低或「資產」的多寡——更多時候其實是「負債」——來衡量人的成功與否一樣，這世上有很多被這種僵硬標準扼殺的小老鷹。

衡量一個人是否有價值，其準則是什麼呢？

彼得・杜拉克說：「儘管我們不能靠品格成就任何事，但沒有品格卻會誤事。」所以成功之前，首先要有品格—— Integrity。

第二看的是這個人是否對社會有所貢獻？而他服務的人，是廣大群眾、還是只有自己？「不務正業」想快速致富、只圖自己享樂的人，對社會當然不會有貢獻。

第三個，你要知道他的優勢領域在哪裡？也就是他的「強項」在哪裡？就像我們都知道，小鴨不會爬樹，如果你要摘樹上的果實，你會請小猴子幫忙，而不是找小鴨。

所以我們要找到自己的優勢利基，必須把自己放到對的位置，才

能發揮出效能。而適合你的位置，一定要符合你的天賦專長。

很多人活了一輩子，都不知道自己的優勢在哪裡、是什麼。因為學校不負責開發你的優勢領域，他們只在意你的考試分數。更多時候，我們目前的教育制度只負責用「學業能力」去論斷你的價值。

你不該因為跑步跑得慢，就被他人認定你沒有能力、沒有才華——只因為你的強項可能不是跑步——你可能很會唱歌。

你必須把自己擺在對的位置，符合你興趣和專長的位置，你才會做得開心、如魚得水。正如杜拉克常講：「年輕的知識工作者，應該早早問自己：是否被擺在對的位置上？

Q 你覺得你的強項是什麼？

Q 回顧你的人生，有什麼事情是你做起來得心應手的？

Q 你覺得你有什麼技能，是不用特別訓練，就可以做得比別人要好的？

Q 問問你的親朋好友，他們覺得你特別擅長做什麼事？

Q 觀察你周遭的人的工作和任務，有什麼事是他們感到很棘手，而你覺得你能輕鬆做好的？

要進入富人的快車道，一定要先有穩定的現金流。而要創造穩定的現金流，就要先做自己熱愛並且擅長的事。

或許你在剛踏入職場之時，根本不懂自己喜歡什麼、熱愛什麼，不了解自己擅長什麼、做什麼事最有效能。但隨著經驗的累積，你可以慢慢找到自己的天賦。

在我們還年輕對什麼都不懂的時候，應該多去嘗試，並且失敗的次數越多越好。因為失敗本身就是成功的一部分，沒有經歷過失敗的年輕歲月，是無法淬鍊出智慧的。沒有這些風浪，往後人生的路上，有時候會比較辛苦。

要找到自己的優勢領域，有幾個步驟和方法。你可以從過去的經驗得到，整理成功經驗，進而發現自己做哪些事比較擅長，也可以透過一些步驟，讓自己更清楚地認識自己。

你或許覺得自己並不認識什麼大人物，更不覺得自己有什麼特別突出的表現，但是，請你相信一件事：你一定有你存在的獨特價值。

這就是杜拉克在《五維管理》中，首先提到的深奧觀念。要管理他人、建立事業，首重「自我管理」。你要了解自己擅長什麼？應該專注什麼？做什麼事會比別人產生更大的效能？現在就試著把它整理出來。

Q 請寫下你懂的知識有哪些？例如經濟學、會計、統計、醫藥、英文……等，任何專業知識都可以。

Q 接著請寫下你會的技能：例如裝修電腦、蒐集資料、寫文章、唱歌、化妝……等，任何你覺得自我表現還不錯的事。

Q請寫下你擁有的東西。

分兩個部分來寫，一種是你自己本身的特質，也就是無形資產——例如修長的身材、美麗的容貌、幽默感、親切感、善於聊天……等。

另一種是外在的物質——也就是有形資產——如有車子、摩托車、電腦……等。

Q請寫下別人曾經怎麼稱讚你：例如，很會表達、善於溝通、談判高手、成交高手、做事很有效率、減肥達人、超級感情顧問……等。

Q 請寫下你認識的人：請分為兩類。一種是你很希望能夠擁有的特質的人、成功的人、你欣賞的人……等。另一種是你認識的朋友、同伴、同事……等。

Q 你曾經做過的工作、表現得如何：無論是短期、長期、兼職、全職、創業……都可以。表現如何？請用一句話描述。

Q 你扮演過的角色，表現如何：例如父母、兒女、職員、班級幹部、上司、下屬等。表現如何？請用一句話描述。

Q你喜歡的事物有哪些？平常的興趣是什麼？逛最多的是什麼？關注最多焦點的是什麼？例如：攝影、打籃球、美食餐廳、旅遊、育兒方法……等。

透過以上的表列練習，就能慢慢整理出一個輪廓，並且找到交集。例如王晴天王博士的專長領域有：企業老闆、數學很強、會投資、會演講、擅長於談判、認識許多老闆與媒體、會行銷。很多上過王博士的課的學員都表示被激勵過後生命有了很大的轉變。「溝通」、「業務」、「談判」、「行銷」、「訓練別人演講」、「寫書出書」就是王博士的強項，而這正是他可以分享給別人的部分。

找出你的天賦強項之後，就要去強化它！你必須不斷地強化你的強項，不斷磨練、不斷累積經驗值，你才會成為頂尖人物。杜拉克認為，你若想要成功，你要做的事，就是不斷強化你的強項，而不是強化你的弱項——除非你的弱項真的嚴重到會妨礙你發揮所長。

就像小老鷹擅長飛行，牠必須不斷地強化牠的飛行能力，假以時日，牠就能成為飛行領域中的頂尖高手。你看過哪隻老鷹在水裡學自由式？如果你是隻小鴨，你的強項應該是游泳，而你卻努力強化自己不擅長的領域，比如跑步或爬樹。你不但不會成為全才，反而什麼都不擅長。

正如杜拉克所言：「沒有所謂的『優秀全才』這種事。在哪方面優秀，才是重點所在。」

你在哪個領域特別優秀，就必須強化你的那個領域。然而大多數的人，甚至是學校，都慣用全部科目的總分來論斷一個人「優秀」與否，這是非常不客觀的。

假設有一名學生A，他其他科目都很差，唯有國文科特別好。A很可能所有科目加起來的總分只有100分，因為他只能在國文領域達到100分，而其他都是0分，但如果國文的分數滿分為1000，他可能可以達到999分，而其他各科都很「精通」的學生，加起來的總分可能也比不上A國文一科的成績分數。因為人的心力與時間有限，不可能在每個領域都成為頂尖。

當A專精於國文一科，假以時日，他的文學造詣、文字工作領域的功力，將足以為他創造最少一項的現金流工具。

試問，真的每個人都需要去考多益、考托福嗎？英文不好，真的會妨礙你發揮所長嗎？紐約的乞丐英文也很好啊，不是嗎？

如果你想要成功的話，你必須常常思考這些事。因為我們每一個人的時間有限，你必須把時間花在你投資報酬率最高的領域上。

只要你找到自己的天賦專長，並致力強化、磨練、讓它發光發熱，你就完成成功事業的第二個條件：「強項」。

 第三個條件：經濟效益

第三個條件是「經濟效益」……就是要有錢賺。

許多人做生意、賺錢，都喜歡跟風，往往是「這個看起來很好賺，我去做這個也不錯吧」。

★「澳洲打工看起來好賺，所以我也要去。」

★「百大企業看起來收入很高，所以我要去應徵。」

★「公務員看起來工作很穩定，所以我要考高考。」

這是完全沒有考慮到前面所提到的兩個條件：熱情與強項。

你不知道你是否有熱情、你也不知道你是否擅長、你甚至不知道是否可行。

這裡所談的「經濟效益」指的是可行性、實務面、現實考量。例如，許多藝術家熱愛畫畫，也擅長畫畫，卻沒有任何經濟效益，無法賺錢營生——那就要找到一個優秀並且與你互補，熱愛當經紀人的伙伴幫忙找管道、接洽案子，否則這個工作、事業就是無法為你帶來溫飽——這是不具任何意義的。

所以，在找出「熱情」和「強項」的同時，你還必須想出一套可行的獲利模式：如何讓大家都贏？發揮創意找出你獨一無二的成功事業：

Q你熱愛的領域有經濟效益嗎？如果沒有，你要如何讓它產生經濟效益？

Q你專精的領域有經濟效益嗎？如果沒有，你要如何讓它產生經濟效益？

Q承上述兩題，為什麼你認為你的方式，會有經濟效益？

Q請你發揮創意，去想一套大家都贏的遊戲、一個可行的獲利模式：

你唯有不斷創新，習慣讓你的大腦思考，你才會得勝成功。而上述三個條件，是激發你創新、開創新事業的基礎。

如果你不喜歡整天關在辦公室裡，那你可以試試看不一樣的領域。

如果你厭煩了創業的驚濤駭浪，那麼你也可以選擇投資別人，讓別人去驚濤駭浪，但是前提是要有屬於自己的閒錢。

我們看過太多為他人期望而活的人。為了父母要考上好學校、為了養家要選一份安全穩定的工作，為了子女，再不快樂的工作都要努力撐下去。

不！你是可以有選擇的！

這一切都是你可以選擇的，但不論你的決定是什麼，不要讓他人左右你的生命、偷走你的夢想。

你所有選擇都只是一個過程，你要知道自己最初和最終的目的是什麼。當你找到你熱愛的領域，你就會願意花時間去研究。你可以思考如何把熱愛的領域，結合到你現在的工作上。當你找到你的強項，你要靠著自我管理，在相關領域磨練一萬個小時，你就有機會能成為該領域的專家，甚至頂尖水準。當你能結合興趣、天賦專長，又想出讓大家都能贏的商業模式，你就可以準備開始進入下個階段：建立團隊。

複製系統的魔法：642

642 Duplication System

642：神奇的創富複製系統

在直銷界，提到系統，一定會提到「642」。

「642」宛如直銷的成功保證班，當今業界許多優秀的領導人，包括如新集團的高階領導人王寬明、雙鶴集團的古承濬等，均出自這個系統，更有人以出身642為傲，因為它代表著接受過完整且嚴格的訓練，擁有一身的好本領。

「WWDB642系統」源自美商安麗（Amway）公司，創始人為Bill Britt，目前仍與Amway集團合作，進行IBO的教育訓練！

1970年，Bill Britt加入安麗公司，他的推薦人叫Yager，那時候Britt三十八歲。到了1972年，Britt成為安麗鑽石級直銷商，Yager先生的下線中除Britt以外，另外還有兩位安麗鑽石級直銷商，加上他自己總共是四位鑽石直銷商。到了1976年，Britt覺得這樁生意越來越難拓展，自加入以來，他的下線當中不但沒有新增加的鑽石，無一人能達到他那樣的成果。反而連自己的鑽石寶座都維持得很艱難。

Bill Britt不明白：為什麼我可以做到，而我的夥伴不能？於是，他開始思考問題所在：直銷事業是不是只有少數有特殊才能的人才有機會成功？因為，事實顯示：Britt用了兩年時間成為鑽石，但那些幾乎與他同時期開始的許多下線夥伴們，經過五～六年都還不能成長、提升上來。後來在與其他幾個領導人坐下來討論、溝通之後，才知道原來來自各領域的領導者，每個人都有自己的一套方法，以致於讓下線夥伴們無所適從，不知道哪一套方法才是最正確、最有效的？白白浪費時間和精力在摸索，甚至因做不出成績而放棄的比比皆是。

1976年，Bill Britt終於找出突破發展瓶頸的關鍵——「倍增時間開分店」——複製系統（Duplication System）。

為什麼要複製？最主要是減少犯錯、試錯的走彎路與無用功，讓團隊能在保持簡單、穩定性高的機制下達到深度發展。就像麥當勞、7-11這樣的連鎖事業，就是提供複製「分店」的know-how而成功的。

後來，與Bill Britt討論的這些領導者們建立了共識，共同討論並製定一套成功模式來運作，如此一來每個人說的、做的，都有一致的方向與方法可以遵循。令人意想不想到的是，這樣的模式運作了六年後，Bill Britt的經銷網中總共產生了四十五位鑽石，而紅寶石的總數將近四千名。可見這樣的複製方法的正確性及威力，於是Bill Britt將這樣的系統化複製的模式，稱為「WWDB642」，也就是642系統。

這套模式產生了很大的效果，組織成員擴展迅速，目前是美國安麗公司最堅強龐大的組織系統，其系統教育的概念與運作模式，至今仍被公認為直銷組織運作中，凝聚力最強、系統運作模式最簡單、最一致的教育系統，在安麗公司中約有七成以上的鑽石級直系直銷商均由此系統而出。可見這樣的方法是被證實為有效的。

很多人常問為什麼6-4-2系統要叫642而不是246或624？或其他數字？這個數字是由直銷商Bill Britt所提出的，這三個數字有其來源，它代表的是一個經典的模組——「6-4-2架構」。

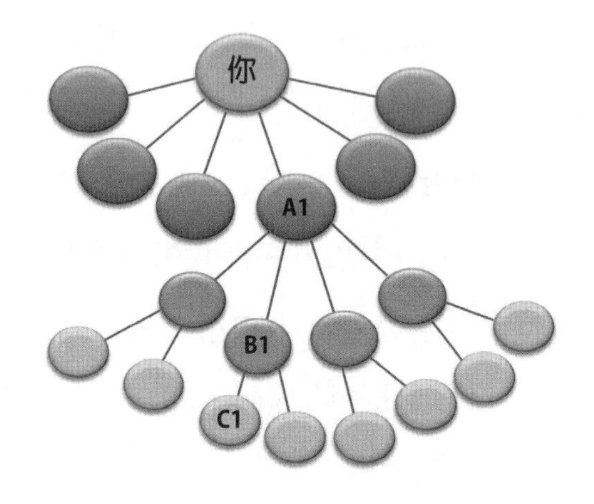

➢ 642系統：核心在「複製」，能讓有心人都變成戰將。

Bill Britt認為一名領導能力很強的人，輔導下線經營事業、培養如何帶團隊、發展組織，找到適合再發展下一代能複製深度的人選。但在複製過程中不太可能同質複製，多少會打些折扣，於是Bill Brit運用數學的公式，模擬了一個「最差」的情況，例如，以你為首，由你而下發展的下線有6位事業夥伴（團隊領袖），此為第一代，稱之為A1、A2、A3、A4、A5、A6；假設第一代的下線經營組織沒有你那麼積極有效果，由A1這位事業夥伴為中心而發展的下線只能培養出4位事業夥伴（團隊領袖），此為第二代，稱之為B1、B2、B3、B4；而第二代B1的能力有限，培養的下線即第三代只能順利複製出2條線持續做組織，即C1、C2。如此這樣642下來，Bill Britt把這種模式運作稱為「642」。當然這是指「最差的情況」，因為A1也有可能發展出不只4組的團隊領袖，可能也有6組、8組，甚至更多……，第二代B1或第三代C1也都可能發展得很好，能培養4組以上的下線團隊。

所有的直銷、加盟甚至保險的組織發展都講求「複製」，但人的複製永遠會有遞減的現象，而「642」模擬的就是一個「成功的遞減狀態」，也就是說以這樣複製系統的方法來「做」組織，即使以最差的方式來評估，估計能產生6×13=78個經營事業的人。而這78人當然也是以「642」為自己組織發展為基礎目標，這樣自然整個組織就會超過78人，系統就會產生爆發性成長，Bill Britt就是用這樣的組織架構，創建了萬人團隊，寫下當時直銷界的奇蹟。

Bill Britt因為體認到直銷事業中「人的複製性」其難度頗高，組織的擴展不易，而想研擬一套容易複製的know-how，讓組織的成員容易遵從，便於複製。而他的642系統架構，就是在理解了人性，考量到最重要的心理層面問題——「我可以做到，未必你可以達成！」因為每個人的經驗、背景、信心……等都不相同，所以複製的能力無法百分百，而且假如運用的方法又不一樣，產生的結果就會逐漸遞減，這是很合理的推論。

WWDB642系統的組織是做出來的！！從這樣一代傳一代的架構來看，642是著力於組織的深度發展，而非寬度的延伸。「WWDB642」的成功，除了這個有智慧的架構，更重要的是如何達到這個架構的實際運作know-how，透過上線領導成功經驗的傳承，以達到組織不斷朝下深度開發，深度開發就有機會尋找到「下一代的下線領袖（老鷹）」，而當這隻老鷹習慣學習後，就會接力領導的工作，除了模仿，甚至精進，於是組織大開，「642架構」就這樣產生爆炸性的成長。

複製為什麼很重要？

很多人都知道複製很重要，因為有「複製」才能形成系統。但真正因複製而獲益的人並不多，那是因為很少人真正了解「複製」精神在於——你能放下身段確實聽從上線的領導，百分百向上線請益，讓自己也能成為下線的好榜樣，以便你的下線也能百分百向你學習、聽從你的指導，上行下效地將好的精神、態度、做法一代代地傳遞下去。

由於直銷事業是「人」的事業，只要有人就會有自己的主觀意識，他會有自己的歷練、做生意的經驗，有一套自己的做事方法，要他完全捨棄自己原來就慣用的做法，去聽從上線領導的安排，照領導的模式去做，這其實是件不太容易的事，因為人性是很複雜的。但是642系統可以把「人」也複製得一模一樣，這是在其他體系團隊中無法看見的。

642系統真正厲害的地方，是有一套完整的訓練方法可以讓組織同時延伸寬度及深度，他們曾提及，「真正的成功並不是自己做到什麼樣的高階，而是所推薦的下一代下線也能透過相同的模式運作成功，才算是真正的成功。」642不只是一串數字而已，它是一套系統！一套讓跟隨者可以複製的完整系統，而且這一套系統是簡單的！

為什麼要複製？最主要避免犯錯、不做白工、保持簡單、穩定性高。因為不用浪費時間去摸索、去犯錯，而且如果可以運用別人已經成功的方法，比自己想新方法要簡單得多，且穩定性更高，就像連鎖集團麥當勞、7-11一樣，他們之所以可以一直拓展連鎖生意，分店遍及世界各地，就是他們能提供經銷商一套完整「複製」店面的know-how系統而成功的。

1 避免犯錯、不做白工

雖然「經驗」是最好的老師，不過最好是學習人家成功的經驗，否則自己付出代價往往很慘痛。在尚未全盤瞭解前，任意的創新只會導致失敗，並不會加速成功，善用上線的成功經驗是最聰明的方式。

2 保持簡單

使後學者有一套良好的模式來學習，也較容易照著做，而幫助更多想要成功的人，在WWDB642系統許多人都有相同的經驗，幫助下線做ABC法則時，平均OPP示範到第三次時，下線直銷商心中就會有一個疑問：「怎麼每次都一樣？」所以在第四次時，下線幾乎都已經能獨自做標準的OPP了，而當下線直銷商能獨立運作時，就表示你已經成功了一大半，這就是為什麼要保持簡單的道理。

③ 穩定性高

直銷是「人」的事業，因此會產生「人」的問題。WWDB642強調人多並不重要，品質才最重要，他們要的是100%複製者，把WWDB642系統看作是經過ISO認證的公司，而經過標準OPP及NDO的訓練後，每一個直銷商都一模一樣。他們是一個團隊，他們的目標不是各自為政地做到高階，他們認為如何團結複製一個群體才是大挑戰。此時要上下線一起團隊合作，或是上線如何支援就非常重要。在642系統打的是團體戰，所以相互支援非常重要，而互相瞭解對方的做法才容易相互支援，凝聚組織的向心力，如此才可以使組織穩定下來。他們強調「做業績，做到高階並不難，並不是挑戰；真正的挑戰在如何複製並維護這整個系統共同成長」。

複製是技巧的模仿，著重實質的操作，所以，真正落實地「做」，才是直銷事業的根本。WWDB642是在直銷界中，唯一被證實，透過WWDB642就是等於「成功」的運作模式，也是所有的直銷系統中，真正能做到100%完整複製的團隊。

642系統的運作重點

什麼是系統？「系統」主要的意思是由一群百分百複製又志同道合的人聚一起，凝聚成一股很大的力量，自然形成一個磁場，會吸引更多、更好的人才來參與，讓成功再繁衍出更大的成功，積極會再帶動更多的積極。

642就是這樣的系統。對於一個直銷夥伴來講，懂得運用642會大大地提升成功率。這個系統最大的特點是可以讓一些後來才加入的人，有脈絡可循，不論何時何地，都能讓一個平凡、沒經驗的人能運作成功的模式。此模式不需要推薦很多人，不需要靠魅力、靠知名度等等。尤其適合做獎金制度並體現深度工作、深度扶植的網路。

642這套系統不是在打人海戰術，而是腳踏實地去複製人，能真正讓一個平凡人學到系統的精髓進而做到高階。

而且642最厲害的不只是做直銷，其終極目標在創造一個屬於自己的事業系統，這套複製系統也適合用在建立有核心價值的傳統產業。而我自己也是靠著這套複製系統，創造萬人團隊，受惠於這套系統。

三大「法寶」

系統肯定不是靠哪一個特定的個人撐起來的，成員們都要有共識做到並維護百分百複製。團隊的成功歸結於系統的三大「法寶」——人、集會、工具。其核心在於：利用簡單有效的工具和方法，經由集會訓練和團隊表彰、激勵，維持緊密的上下線關係，有暢通的溝通與諮詢管道，進而改變自己並影響他人。

第一：人

這裡所說的「人」即是百分之百複製出來的人，因為直銷事業就是一個講求「人」的事業。初階的領導者可以影響幾個人，中階的領導者可以影響幾十個人，高階的領導者會影響到數百、千個人，所以這百分之百的複製「人」就非常重要，也只有真正做到複製的方式，才能確保業績穩定，因為依這套系統所複製出來的人，其在各地運營作業時就能讓人放心得多，就像7-11一樣，目前已在臺灣開了五千多家分店，因為它有完整的「複製」，所以品質與營運方式能有所保證，信任感就自然產生了！

真正專業的、符合系統化操作的人是這個事業最需要的。想要在一個環境中快速成功，最快的方法就是100%複製成功者的做法。只有那些一步一腳印確實按照系統方法去做的人，才是真正能留下來，不輕易被打垮的人，自然也是最終財富的擁有者。

第二：工具

可以「看」與「聽」的東西。「WWDB642」在美國已有五十年以上的運作經驗，擁有非常完整的培訓課程、影音檔、相關書籍。工具是達成目標的推動器，使用內容都一致性的工具，成員們學習到的是同一套的教材，可達到統一性和可複製性的效果。而能「聽」與「看」的素材能方便學習者迅速瞭解並吸收，省時且好用，也適合遠距離教育下線。這是642其中的一個特點。在任何一個時、地，可使一個無經驗、無背景的人成功運作，也就是說，工具就是打仗用的槍與子彈，系統具備非常完整的工具箱，這也是複製幾十年的經驗。

WWDB642並不鼓勵直銷商去上一些激勵課程，並不是說激勵課程沒有效果，而是效果短暫而且激勵課程都不便宜，由於642系統提供的工具以及「每日七件事」已經包含了激勵、知識等必要的動作，因此只要能確實要求自己每日做到，自然就是一位充滿動力的直銷商。

第三：集會訓練

要完成系統理念的複製，扎實的培訓永遠是最重要的。想要百分百複製人，就少不了「集會運作」。但與一般直銷體系的「中心運作」不同。最大的原因是，直銷體系的「中心運作」無法「複製人」，為什麼這麼說呢？雖然每個直銷體系都在談複製，但據統計通常傳到第三、第四代或是傳到外地，就一定會走樣，往往是各講各的，各做各的，為什麼「中心運作」無法複製人，請想一想，假設小王有興趣想要做直銷，於是他被帶到「中心」來學習；結果中心所排的課程是週一從A講師那裡學了些東西；週三則是上了B講師的課程；週五又從

C講師那裡學了些方法和技巧也用心做了筆記，之後小王將這些日子上課的精華整理出來後，再濃縮成自己的一套想法或說法，將自己認為最棒的一套傳給他的下線，他的下線延續了他的方法，也到處向人學習，也彙集成一套「自己」的想法，……這樣傳下去，很難不走樣吧！所以說，這樣的「中心運作」便無法符合前述的「百分百的複製」。

642特別重視複製觀念的傳承，參與642系統集會的男性都穿著深藍色西裝、白色襯衫、紅色領帶、黑色皮鞋、深色襪子，他們在外形的服裝儀容也都力求保持一致，連嚴謹、踏實的作風也一模一樣。在642集會的講師都出於系統高階直銷商，所有觀念、說法與做法都是同一套，在100%複製上就顯得相對容易，並且可以與系統所有資料或是工具做呼應，直銷商能將所學一一複製。他們認為若是任何領導者本身沒複製好，而把錯誤的方法教給下線，使這個下線到後來做不下去，那這個上線是失職的，那這個上線是不能被原諒的，由此可知他們是如何地自我「要求」與「嚴謹」地對待上下線。

秉持「每會必到、每會帶人、積極帶動積極、成功繁衍成功，與團隊保持高度一致」的信念，就能確保做到百分百複製。

成功其實是很容易的，只要我們能夠用對的方法！真正的成功並不是做上線的做到高階成就，而是下線也能照著這套正確的know-how也做到成功，才叫真成功。

642成功的秘訣

直銷事業要想經營成功，跟帶領組織的領導人有相當重要的關聯，他能否真誠地運用正確的方法，帶領著組織前進？所以「真誠」攸關直銷事業能否成功，以及成功能否長久。

現在每個直銷系統都在談「複製」，但一般傳到第三代、第四代就走樣了。這其實是因為每個人都會在分享的過程中，不斷套入他們自己的想法、做法，也因此無法做到系統化，複製的核心是準確。只有正確的複製方式，才能保證業績穩定，誰能在最短、最快的時間內準確的複製，誰就可以建立一個龐大的行銷團隊，所以這是無法靠口頭文化、靠一個人的力量就建立好一個穩定的團隊。

因此，642不只是一串數字，更是一個系統，這個系統能幫助你發展你的事業、你的團隊，教你如何帶領一群向心力強、各有專業的人，集合眾人的智慧與資訊，爆發出驚人的力量，以形成synergy綜效是也。

642是經過時間、實踐驗證的成功模式，指導團隊運作的原則和準則、策略和方法，帶領團隊成員開始重新認識自己，清楚知道自己的優勢在哪裡？巧妙的運用自身優勢，潛移默化地影響和改變成員們的思維方式，形成統一的價值觀和共同的團隊願景，有效提高團隊的凝聚力。正確運用642系統能穩健倍增組織，即使不工作還能有收入，也就是人人嚮往的被動收入與財務自由。其成功的關鍵在於：

1. 直接推薦的第一代並不多

642的運作偏向於做深度而非強調寬度，深度發展起來當然事業就會穩定許多，不需要很有壓力地去推薦一大堆人。

如果在直銷體系裡一提到自己的組織有多少萬人，才塑造一個高階時，就知道這打的就是「人海戰術」，能留下多少完全是憑運氣，並不真正想用正確紮實的方法來帶下線，只想快速累積下線數量，晉級高階。因此外行人聽到整個體系裡有幾萬人後才造就一個明星級大咖會覺得很偉大，但內行人一聽到這種組織時，就知道一定會出問題。

在直銷事業裡，用對了正確的方法，正確的系統運作，則生意就會越做越大，也越來越輕鬆，真正達到有錢有閒的最高境界。

2. 組織發展不追求人多，而在於「精」

642系統的經營者通常很會「看人」，經由短時間內的觀察與相處就能看出這個人是只能做消費者？還是能提升為事業夥伴做個經營者，因為642是有一套方法來過濾或篩選下線的：利用①工具②集會③上線，經過一段時間就可以知道這個人的動向和意願。之所以這樣重質不重量，就是為了能有效地複製和傳承。

3. 業績開始的時候不會特別大，但體系很穩定

因為642的重點是在複製，主要是培養團隊，所以剛開始時學習就佔了大部分，以642的上線領導人來說，前期是需要花時間來培養和訓練的，自然就佔用到銷售的時間，但總體來說，到後來個人的組織網及業績雖然未必特別大，但都是呈穩定發展的。

當我們理解了642系統的運作方式，不論我們想換到哪一個平台，我們都可以創建自己的團隊。所以，642系統不只是直銷事業可以運用的系統而已，只要是需要帶領組織、團隊的事業，都可以運用它，團隊若是能夠結合642，不只會帶來倍增的收入，倍增的組織，更能擁有一群情感堅定的好朋友，因為我們會擁有共同的目標，共同的夢想，並且經歷一同走過的過程。

接下來為協助大家早日獲得成功，以下提供642成功模式，這是一個已經被證實有效的方程式——「成功八步」，是已經在世界上上百個國家被證實為行之有效的成功模式。在接下來的Part3有專文介紹。

STEP 1 **夢想：**設定您的目標

STEP 2 **承諾：**立下一些誓言

STEP 3 **列名單：**寫下名冊

STEP 4 **邀約：**邀請你的朋友

STEP 5 **S.T.P.：**舉辦成功的集會

STEP 6 **跟進：**貫徹實踐

STEP 7 **檢查進度：**諮詢＆溝通

STEP 8 **複製：**教導成功模式

在你開始學習「成功八步」之前，請牢記以下三點建議。

① 成功的模式在於簡單、易學、易教、易複製：

你遵循成功的模式和複製正確的做法，而不是隨便去創新，尤其是當你還不了解這個流程的精髓時。

② 成功八步是一個不間斷、周而復始的週期性行為：

當你做第一步的車輪，飛快的轉起來帶動整個系統時，絕不能讓它在中間任何一個環節停頓，這一點你要特別的重視。

③ 抱持積極的心態認真做：

- **熱情洋溢：**你付出多少熱情與承諾，將決定有多少人會認同和參與到這個事業。
- **積極參與：**每天閱讀能激勵你正向積極的書，聽能令你幹勁十足的CD、閱聽令你振奮的DVD與視頻，積極參與各種培訓會議，力求逢會必到，以保持你積極的心態，並且不斷地向上提升。

- **充滿快樂：**這是能帶給你美好人生的事業，每當想起它就會興奮不已，記住，沒有人希望從事一個令人煩惱和痛苦的工作！
- **渴望成功：**你要經常思考，討論和隨時看到你成功後的樣子，你要與勝利者和成功者為伍，讓成功帶動更多更大的成功。

當第一步啟動後，就要準備第二步，讓上步自然帶動下一步，讓成功八步形成輪轉的系統。

642的20項行動守則

1. 不斷為自己與別人建立夢想。
2. 相信你一定做得到。
3. 把目標具體化、形象化。
4. 塑造良好的「專業形象」。

5. 每天看視頻或聽錄音CD、MP3，並經常更新系統錄音或視頻。
6. 每天花半小時或更多時間閱讀系統推薦的書。
7. 提升你的能力——個人魅力、好感度、影響力。
8. 建立你的智囊團，借力團隊才能持續賺大錢。
9. 永遠與團隊成員保持緊密的友好關係。
10. 成為一個積極的行動者，每月至少講十次計畫以上。
11. 為你的成功設計一個好的路徑與策略。
12. 做出一個高標準的承諾並且堅持到底。
13. 成為自家產品或服務100%的忠實用戶。
14. 複製那些緊跟系統的上級，並使自己也成為可被複製的對象。
15. 只向下傳播積極、正面的訊息，杜絕負面思維的傳遞。
16. 永遠不受旁部門與其他支線的干擾。
17. 維持每月直接推薦兩人，並正確啟動這些新人激活新線。
18. 你要成為一個永久的、積極的推廣者和倡導者。
19. 定期向上級諮詢，如財務管理、時間管理和網路管理，特別是你想要有所創新時更要向上諮詢並互相溝通討論。
20. 行事作風要像個領導人，絕對嚴以自律、寬以待人，做眾人的表率。

642成功八步

642 Duplication System

Step ❶ 夢想：設定你的目標

夢想是創業的動力，有大夢者方能創大業。香港首富李嘉誠說：「一個人想要成功，想要改變命運，擁有夢想是最重要的。」換句話說，我們應該先要有夢想，才會有成就，夢想，絕對是製造成就的第一步。

對很多人來說，買一間屬於自己的房子，或是小屋換大屋、送子女去國外讀書、環遊世界，或者比別人早些退休等等，就已經是夢想了。

有些人的夢想並不大，但只要有，只要想去實現，只要走出第一步，就是成功的開始，且夢想可以在發展的過程中不斷變大。敢想是第一步，如果連想都不敢想，就什麼都沒有了。

如果你想改變現狀，首先就要從改變自己的夢想入手，如果你沒有夢想，需要先建立夢想，有句話說：「生活在明天的夢想裡，也就決定了你會怎麼度過今天。」即便你現在身無分文，你也可以夢想自己成為一位富人，很多人之所以貧窮，是因為他們不敢有夢想，或是根本就放棄了夢想。

首先，請認真地想一想：你想要什麼樣的人生？並具體勾勒出那個你想要的完整人生的樣貌，依據你想得到的人生去思考，若想要那樣的未來，我現在需要做些什麼才能達到？例如，需要什麼軟件還是硬體？再依照這些所需，逐一去建構，完成你夢想中的人生。

這就是「以終為始」的概念。當我們準備旅行時，會先選擇要去哪一個地方？再根據目的地做一番規劃，例如：怎麼去？住哪裡？去多久？花費需要多少？那裡的天氣如何？……等，也因為這些關鍵的需要，就會訂出規劃這趟旅行的小目標，例如：必須搭飛機、搭高鐵，要住飯店，還是找Airbnb或住朋友家裡……等，接著依照目的地，規劃旅遊的路線與附近想去的景點，思考怎麼去才最省錢、花最少時間，才不會多走冤枉路。

所以，「終」就是旅行的目的地，沒有想去的地方，就不會有接下來許多的設計與規劃。「以終為始」也可以被解釋為一種先構思後行動的概念，我們希望發生的事物，先讓它在心中構思，然後再去規劃行動、並去實行，一項新產品要上市前，通常也會先市場調查，才會進行產品的設計與研發；籌備一間新公司之前，也會先進行市場與人口密集度的調查，並確定開店要銷售的產品品項，再規劃開幕細節。

我們經營人生，追求成功也是如此，必須要確定自己未來想成為什麼樣的人，而不是盲目地隨波逐流，老是在懊悔與抱怨：「假如有一天……」或是「如果那時候的我……我現在就……」人生一眨眼就過，你還有多少年可以虛度？藉口多的人往往距離夢想最遙遠。從現在開始，就不要在不該揮霍的時光裡，揮霍著用藉口與抱怨築起的錯誤與悔恨了！

一名小男孩問同一個工地的三名工人說：「你們在做什麼呢？」

第一名工人沒好氣地說：「你沒看見嗎？我正在砌牆啊。」

第二名工人吹噓地說：「我正在做一件每小時十美元的工作呢。」

第三名工人哼著歌，神情愉悅地對男孩說：「你問我啊，那就告訴你吧！我正在建造世界上最美麗的教堂呢！」

這就是問題的癥結。

如果你只將目光停留在追逐夢想所碰到的難題上，那麼即便是從事你喜歡的工作，做自己喜歡的事，你依然無法長保逐夢的熱情。又假設在擬定合約時，你想到的是一筆幾百萬的訂單；在蒐集資料、撰寫文案時，你想到的是招標會上的奪冠，你還會認為自己的工作枯燥乏味嗎？能讓你逐夢的熱情不減的秘密之一，就是要能「看到超越眼前所見的事物」。

一旦心情愉快起來，就能使你全身心都投入，使你原本覺得乏味無比的事情頓時變得極富創造性，似乎只掌握在你手中。想想故事裡三位工人的命運，前兩位繼續砌著他們的牆，因為他們沒有遠見，沒有夢想，從不想去追求更大的成就。但第三位認為自己在建造「世界上最美麗的教堂」，他必定不會永遠是個砌牆工人，也許他將來會成為承包商，甚至是很有名氣的建築師，我們能肯定他能繼續成長，因為他善於思考，對工作的熱情明顯地表現出他想更上一層樓。

我們的目標應該是追求卓越，你可以從改變動機開始，可以從轉變態度做起，可以從訓練自己的能力開始，可以從提升自我的價值開始，從無到有，知道自己想做什麼，你才能發揮最大的價值！

唯有先確認人生的終極目標，才能引領自己走向正確的方向。以終為始，「終」就是結果，就是最後想達成的終極目標，就是我們剛剛說的旅行的目的地，而「始」就是為了達成目標要開始做些什麼動作？設定什麼計畫？也就是在確定了想要的未來之後，要開始做什麼事情，讓我們可以到哪一個未來去？

很多成功的企業家可能一天沒睡幾個小時，但為什麼他們看起來還是那麼神采奕奕？

因為他有夢想，夢想讓他每天心中注滿了熱情，得以用熱情做他想做的事情，所以，成功的人也一直熱愛著他的工作，他們努力地完成一個個小計畫、小目標，從中收穫成就感，於是夢想越做越大，讓他越來越成功；相反地，如果你根本沒有夢想，工作對你來說就是工作而已，你就像一個機器人，行屍走肉般地去做那些你覺得無趣的事，每天抱怨你的工作，這是因為你沒有透過這份工作，找到你想要的夢想，工作沒有帶給你想要的價值，因此對這份工作沒有熱情。

「以終為始」的人生觀，就是用清楚又明確的結果為目標，來決定你現在的行動。時間花在哪裡？成就就在哪裡？想要運用時間，發揮自己人生最大的價值，首先必須要找出自己的夢想，這個夢想如果能夠確定，你就能帶領自己一步一步完成目標，道理我相信很多人都懂，但真正明確清楚自己夢想的又有多少人呢？

你試著去問問你身邊的人：「你的夢想是什麼？」大多數的人都是先愣了一下，才支支吾吾地說：我想我應該「想要有錢」、也許「我希望家庭幸福」、「我希望工作順利」……等，但這很明顯就是個臨時想出來的答案，若此時繼續追問：「那你想要在幾歲以前累積多少財富呢？」、「你心中的幸福家庭是什麼樣子？可以描述一下嗎？」、「你想要在幾歲的時候，升到哪一個你希望的職位？」……等，這時候，能具體說出詳細時間與細節的人，能描述那個他所希望的將來的人，就更少了；所以，如果你已經會用「以終為始」的概念，思考你的未來，那我們就可以一起完成你的夢想樹囉！

如果有一天，你遇到阿拉丁神燈，你將得到一棵蘋果樹，生長出來的蘋果是金黃色的，阿拉丁說：「主人！上面有十顆蘋果，每一顆代表你可以召喚我，我將為你完成十個願望。」請問你會希望是什麼願望呢？

我們常說：前人種樹後人乘涼，如果我們都不是含著金湯匙出生，是不是更要努力去讓自己擁有一棵樹，將它灌溉茁壯，讓自己有個可以乘涼的地方，也能庇蔭後代的子孫。所以，長輩常說人生就像一棵蘋果樹，上面結了許多果實，這些果實就是我們想要追求的夢想，也許是家庭、財富、朋友、健康、事業、成就感等。你想要蘋果樹結出多少甜美的果實，就看你如何灌溉施肥，讓人生蘋果樹順利結出我們想要的果實。

接下來，請靜下心來想一想：你想要阿拉丁送你的十顆蘋果分別是什麼？

我的經驗是：你的夢想清單不能寫得太簡單，反而越仔細越具體越好，例如：財富，你可以改成「一年要收入多少？」；旅遊，你可以改成「一年旅遊幾次？國內的？還是國外的」，用這樣清楚的數據來思考你的夢想清單，達成率會更高。這份夢想清單不是要給別人看的，所以千萬不要被身分、地位、時間、金錢和別人的眼光所侷限，最重要的是「以終為始」的自由想像，尤其是那些與現實不符的夢想。

以終為始的概念，幫助我們訂出了一個終極目標，有了這個終極目標，就可以往前推算出在完成終極目標前必須要完成的小目標。而阿拉丁給你的蘋果樹，則能讓你思考更多的願望，再透過這些目標，不斷地去調整和完善你最終極的使命。

願望想好了之後，你要再更進一步去想：透過什麼團隊、執行方式或行動，可以讓你完成這十個夢想？如果你是在職者，請填上你現在的工作，再思考「這十個夢想，透過你現在的工作，可以完成嗎？」或是填上你最初所設定的「終極使命」，思考這個使命，能否完成你的十個願望？

如果答案是否定的，這個職業肯定不是你的中心熱情之所在，還記得我們前面所談到的「以終為始」的概念嗎？所以哪一個「終」是你現在在思考的行業呢？這時候，請你先不要想「我能做嗎？」、或是「我要現在換工作嗎？」……等等問題，試著將它填入你蘋果樹的樹幹中，再去思考，新的職業或斜槓方式能否完成你的夢想呢？相信你已經規劃好你要種植的蘋果樹了！

接下來，再問自己一個問題，如果可以賺錢，你想要「賺得快，但它的時效短，能累積的財富相對少。」還是「賺得慢，但時效長，能賺到的總額相對多。」我想，很多人會選後者，因為可以賺得久和多，但大多數人在做的事情，卻是在追求如何讓自己「賺得快」的方法，認為利益要早早握在手中才安心！

一個人少了眼光和眼界，就永遠在重複做著為三餐溫飽的工作而努力，你什麼時候才可以有蘋果樹能乘涼呢？什麼時候才可以享用到甜美的果實呢？重點是，蘋果樹必須要自己種植，才可以有甜美的蘋果吃，將蘋果樹從一棵小樹苗開始栽種，必須要經過好多年，樹苗才會長大茁壯成蘋果樹，這艱辛的過程，你要能忍得住，因為不是馬上就可以看見對的結果。這時候，可能會有人耐不住而選擇轉換跑道，改去種菜，因為種青菜很快就能收成，但別忘了，一棵蘋果樹雖然要種五到十年，可是卻能讓你享用三、五十年。只要開始，就有結果，開始種植蘋果樹後，你就一定有蘋果可以吃。此外，吃完蘋果，別忘記要重新鬆軟泥土，將蘋果的種子播種到泥土裡，這時，你會發現，因為有很多的種子，所以又有幾株新的蘋果樹苗長出來，再過幾年又有第二株蘋果樹、第三株蘋果樹……這樣就可以有源源不絕的蘋果吃。只吃蘋果，不撒種子，是不會有第二株蘋果樹生長的。從種植蘋果樹到鬆土再撒下種子，就是642系統複製的概念，一株蘋果樹是生活所需求的溫飽，完成你個人的夢想，所以，642系統不是讓你只有一棵蘋果樹，而是讓你因為複製和倍增的力量，擁有一座蘋果園，離自己的希望、夢想和未來更近。

百萬富翁＝夢想＋項目＋團隊

你需要一個理由，你需要一個夢想，挖掘出你內心深處最深切的渴望。愛迪生因為夢想著在黑夜給人類帶來光明，在失敗了一萬多次後發明了電燈；萊特兄弟因為夢想著人可以像鳥兒一樣在天上飛，從而有了今天的飛機；阿姆斯壯因為夢想著踏上月球，成為第一個登上月球的人，從此名留史冊……諸如此類的例子，古往今來數不勝數，這些都源於一個夢想。

羅伯特‧G‧艾倫在《一分鐘百萬富翁》書中提到他多年對自己以及學生們的研究，建構了一整套創建財富的態度和信念，稱之為百萬富翁方程式：

[一個夢想 + 一個項目 + 一個團隊 = 百萬富翁收入來源]

★ **你的夢想：** 要獲得財富，首先必須知道自己想要什麼（夢想），培養百萬富翁的心態，也就是自信和強烈的渴望。

★ **你的項目：** 選擇一個達成夢想的方式或工具（主題），然後選擇並運用一種以上的基本致富之道，開始賺錢，然後累積並倍增複製。

★ **夢想的團隊：** 組織或加入一個可以助你達成夢想的團隊，吸引導師和高明的夥伴，幫助你實現夢想。

馬克．韓森告訴我們：「強烈的渴望是成為百萬富翁唯一需要的資格，無畏無懼的行動是唯一必要的證書。」其他一切都可以借用或購買，你可以雇用很多學識、學位豐富的人，也可以透過借力把擁有資金、技巧和經驗的人組織成團隊。

渴望，就是光有「想要」還不夠，還要「一定要」的信念，你必須相信自己能做到、接受自己。如果你已經做出了要成為百萬富翁的決定，那麼恭喜你，接下來你要做的工作是找到可以讓你成功的項目和團隊，如果你決定以直銷為載體，並已經加入了一個優秀的團隊，那麼再次恭喜你，因為你有可能透過這個生意達到財務自由。現在你要小心呵護和滋養你的夢想，然後將它們一一落地實現！成功是一種使命、成功是一個習慣、成功是一種相信、成功是一個信念。成功是一個決定，只有你自己才能做出這個決定。

請再次想清楚以下非常重要的問題——

- **你的夢想是什麼？**
- **你為何選擇組織行銷做為達成夢想的途徑？**
- **你為何學習642系統？**

想成就事業，必須先培養自己的自信心，相信自己的能力；相信自己能做到；相信自己能達成一切夢想；相信組織行銷這個行業是達成您一切夢想的最佳途徑；相信642強大的經營與訓練系統，是你的最佳選擇！！

許多人在開始做組織行銷時，急迫地想學會如何開發客戶，如何邀約，如何介紹自己的事業、公司及產品制度等資訊，希望自己能在最短時間內，就開始尋找合作夥伴、發展組織。

任何人都希望跟隨一個清楚自己的目標與方向，知道如何才能到達目的地，擬訂出清楚的計畫，並願意付出努力去達成的人。你必須先讓自己成為這樣的人，當你成為這樣的人時，自然而然就能吸引到你想要的合作對象！

只有先將你自己的夢想點燃，你才有激情去點燃別人的夢想。「如果你擁有了足夠多的金錢，你打算去哪裡？如果你做任何事都能成功，你喜歡做什麼……」找出更多這樣的問題，寫下它們，並回答。

寫夢想清單的時候，要寫上日期，並把這份清單放在身邊，它將蘊涵你想像不到的力量，一旦夢想寫在紙上，它就變成你的決心，使你朝向實現夢想行動。

- **總有一天想做的事**
- **總有一天想做的自己**
- **總有一天想實現的夢想**
- **小小的目標（喜歡的人物、想讀的書、想欣賞的藝術品、想旅行的國家）**
- **總有一天要住住看的地方**
- **想要在五年後、十年後、二十年後變成什麼模樣**

一定要把你想要的東西寫下來，「播放」你的夢想。做一本私人的「夢想書」，把雜誌上美麗的圖片剪下來，常常看著它，讓目標視覺化、數量化，加上最後實現的日期。

現在就把你的主要目標寫在夢想板上，每天不停地看，且每天至少大聲唸三遍。

✦ 工作目標 ✦

1.

2.

3.

4.

✦ 學習目標 ✦

★ ....

★ ....

★ ....

★ ....

✦ 生活目標 ✦

-
-
-
-
-
-

______ 目標

- ....
- ....
- ....
- ....

你的夢想九宮格

	主軸 1			主軸 2			主軸 3	
			主軸 1	主軸 2	主軸 3			
	主軸 4		主軸 4	夢想	主軸 5		主軸 5	
			主軸 6	主軸 7	主軸 8			
	主軸 6			主軸 7			主軸 8	

以人生規劃為例子

★Who → 對自己目前而言，什麼是最重要的？

★What → 自己正在做什麼？想做什麼？該做什麼？必須做什麼？

★Why → 自己真正想做的是什麼？為什麼？結果會是什麼？

★Where → 哪裡可以協助我？什麼樣的環境是我想要的？

★When → 什麼時候要達成什麼樣的目標？

此外，還可以延伸很多的想法，如：「自己希望過什麼樣的生活？為何過這樣的生活，自己又做了什麼？」……等等。

現在，試著在最中間那格寫下一個主題，可以是你的目標、你的問題……

列出你的行動計畫吧！

Who（人）	What（事和物）	When（事和物）
Where（地點）	主題	How Much（多少）
How（如何進行）	Why（結果）	其他

列出你的夢想清單！

房子

1. 坪數
2. 位置
3. 價格
4. 型式
5. 其他

期限：

車子

1. 廠牌
2. 型號
3. 排氣量
4. 價格
5. 顏色
6. ________

期限：

旅遊

1. 去哪裡？
2. 和誰去？
3. 價格
4. 何時去？
5. 天數
6. 型式

期限：

出國讀書

1. 地點
2. 型式
3. 去多久
4. 學費
5. 生活費
6. ________

期限：

Step ❷ 承諾：立下一些誓言

阿里巴巴創辦人馬雲說：「我看到很多年輕人是晚上想想千條路，早上起來走原路。」如果你不去採取行動，不給自己一個夢想的機會，你就永遠沒有機會。而夢想的實現，馬雲給的建議是：「有了一個理想後，最重要的就是要給自己一個承諾，承諾自己要把這件事情做出來，沒有條件就要創造條件，如果機會都成熟的話，一定輪不到你。」承諾是一份沉甸甸的責任，選擇了目標，就要去努力，靠一時的熱情是走不遠的。

承諾開始於一個要改變我們生活的決心。如果在前文，你已找出自己的「使命」，這時候請寫下「使命宣言」，使命宣言可以讓你許下承諾，產生莫大的能量。勇敢地為自己的夢想做出承諾吧！因為，當你正在改變時，如果沒有做「承諾」這個動作，我們很容易產生：「沒關係啊！反正我現在沒做又不會怎樣」或是「好累喔！偷懶一次應該沒關係吧」……等等之類得過且過的心態，如此一次兩次，你立下的目標、志向、夢想就會漸漸地無疾而終。

夢想決定方向，承諾決定力量。所以，一定要做出承諾，承諾可以讓改變的力量變大、變強，承諾可以帶領我們，有期限地完成夢想。

特別是你產生一股莫大的能量，下定決心後親口說出來的承諾，這時你不成功都很難！

夢想無法實現，是因為缺乏行動的力量，而行動的力量來自勇氣，勇氣來自於承諾。也就是說，承諾是實現夢想最重要的一個環節，少了承諾，再多的夢想，都只是幻想跟空談而已。

要繼續努力工作嗎？想要就要付出代價，想擺脫命運的束縛，要活出不一樣的命運，那就從具體的承諾開始。

一名在組織行銷取得優秀成績的人，絕不會讓自己變成一個讓人恥笑的空想家，只要認為這件事值得自己做，就立即行動，絕不會拖延，任何的猶豫、觀望、都會成為羈絆自己停滯不前的「枷鎖」。

在642系統中，承諾的意義是願意學習而後引用所需要的原則成功地和人相處。這樣你才會真正享受到事業的成長，認真對自己當初決定經營這一項事業的承諾負責任，認真對待你的事業，客戶和朋友會因為你的認真而感動的。

敢於承諾、敢於行動是一種境界更是一種力量，只有它才能加快我們成功的步伐。而承諾有三個等級：試試看、盡力而為、全力以赴，你是「全力以赴」還是「盡力而為」？你可曾真的全力以赴過？

我們來看看以下的小故事。

一天，獵人帶著獵狗去打獵。獵人一槍擊中了一隻兔子的後腿，受傷的兔子開始拼命地奔跑。獵狗在獵人的指示下也是飛奔出去追趕兔子。可是追著追著，兔子跑不見了，獵狗悻悻地回到獵人身邊，獵人很不高興地狠狠罵了獵狗：「你真沒用，連一隻受傷的兔子都追不到。」

獵狗聽了很不服氣地回道：「可我已經盡力了。」

而帶著傷的兔子，忍著疼痛回到了洞裡，牠的兔朋友們都圍過來關心地問：「那隻獵狗很凶的吧？你又中了槍，怎麼跑得過牠？」

「牠是盡力而為，而我卻是全力以赴，牠沒追上我，最多挨一頓罵，但如果我不拼盡全力的話，就小命不保。」兔子這麼說道。

所以你是盡力而為的獵狗？還是全力以赴的兔子？

當別人拜託我們什麼事情時，我們經常說：「我試試看吧，盡力而為。」

最後往往是「試試看」的人什麼也沒做成。在現實中，盡力而為是遠遠不夠的，尤其是現在這個競爭激烈的年代，人明明有很多的潛能，卻總習慣對自己或對別人找藉口，例如：在面對一項有時間壓力的任務面前，我們是否會找一些堂而皇之的藉口說自己已經盡力而為了，能不能達成，就看其他人了呢？或者，在面對一個新開發的市場時，我們是否僅抱著盡力而為，而不是全力以赴的態度去開拓呢？

「盡力而為」只是盡自己的最大力量，「全力以赴」則是用自己所有的力量，全部的力量！成功從來都是全力以赴的結果，並非是盡力而為就能達到的。當你只是盡自己最大力量而為，而沒有用自己所有的力量去解決問題時，盡力而為只是底線，全力以赴才是上限。盡力而為和全力以赴比起來，在面對成功的時候往往只差一步，可就是這一步決定了一個人、一個專案、一個組織的興衰。

盡力而為只為今日的飯碗，全力以赴卻是為了美好的未來，請記住——

- **試試看的心態：**根本不會成功。
- **盡力而為：**有可能成功，但成功的機率非常小。
- **全力以赴：**意味著不惜一切代價，才可以取得成功。

所以，為了達到你的終極夢想，你要承諾做到—學習、改變。

如果要改變命運，就必須先改變思想。那如何改變思想呢？就是學習！只要我們抱有一顆真誠學習的心，透過學習不斷地增強我們的能力，只要100%地按照指導老師的話去學、去做，就能把所學的知識，原原本本教給你的合作夥伴、你的團隊成員。

面對學習，我們要抱持著歸零的心態，讓心態歸零，即空杯心態。

何謂空杯心態？指的是有兩個杯子，一個是空的，一個是半杯水，當分別向這兩個杯子裡倒水，是不是空的杯子能裝的水更多呢？這是顯而易見的。學習也是一樣，一定要把以前的經驗拋出來，只有這樣才會學得更多，收穫更多。把原來做其他行業慣有的思維暫時放一放，重新學習，相信系統和團隊，定期向教練諮詢並接受指導，向指導老師學習、向一切比我們優秀的人學習，只有把成功忘掉，在心態上隨時歸零，保持對事務高度的好奇、學習心，才能適應新環境，面對新的挑戰。

想要達到有效的學習，應在當下即知即行，始於學習、終於學習，此外還需要堅持，堅持用新學到的東西來指導我們的行動，並讓這新的行動成為我們的習慣！

為什麼要改變？改變的意義與價值就是我們改變的原因。一個人的現狀是由他的行為來決定的，而一個人的行為是由他的思想來支配的，他的思想又是由他的觀念來引導的。所以，要改變現狀，就得改變自己，要改變自己，就得改變自己的觀念。一切成就都是從觀念的改變開始的！直銷新人如果下定決心要在這個行業裡取得成功，就必須下定決心從改變自己的觀念開始。

改變自己舊有的、失敗者的思考方式，只要你懂得複製成功者的觀念、態度和方法，即使環境再惡劣，你還是能走向高峰。

改變要從自身開始，改變從小事開始，改變從現在開始，但不要試圖改變任何別人，要改變就先改變自己。要讓事情變得更好，先讓自己變得更好，當你試圖改變自己的時候，你實際上已經改變了自己——使自己與成功更加靠近。如建立專業化的、成功的個人形象，現在就立即行動起來吧！

學習了之後就要複製，先當學生努力學習、不斷學習，後當老師熱情教人、再當老師的老師。我們的能力是有限的，但如果每一個人能教會兩個加盟商或消費者，這就是一個無窮大的能量。團隊的精髓在於共同承諾，共同承諾又表現在共同的願景、共同的目標和共同的價值觀上，若缺乏共同的願景，團隊就不可能有共同的潛在動力。

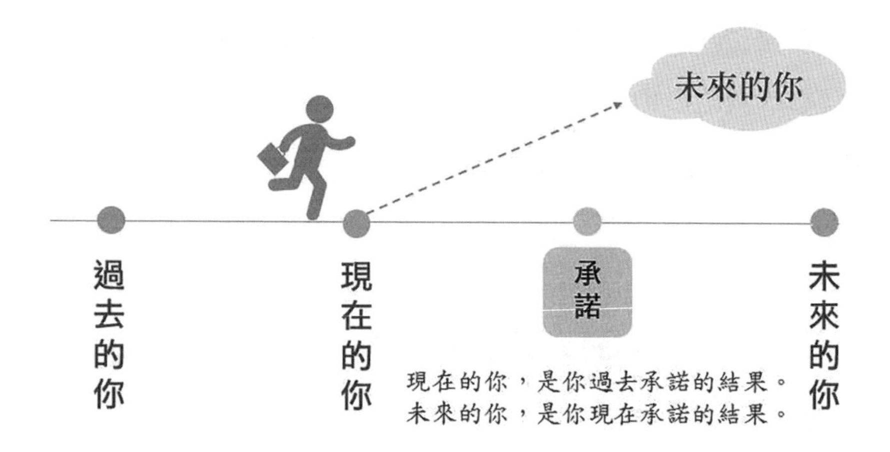

勇敢承諾、啟動夢想吧！

Q.我要月收入多少？

Q.我要花多久時間達到這個月收入？

Q.每年我要出國旅遊幾次？

Q.我想去哪些國家？

Q.我的旅遊基金要花多少費用？

Q.我該怎麼做，才可以達成以上目標？（越具體，啟動夢想的動力越大）

例如：我要每天學習多元與被動收入相關知識兩小時。

（生活目標、學習目標、改進延遲你成功的壞習慣目標……）

1.__________________________________

2.__________________________________

3.__________________________________

4.__________________________________

5.__________________________________

＊我要在__________天，見__________位顧客。

＊我要在__________天，達成__________業績。

＊我要在__________天，________________。

我承諾！我__________，我願意用一陣子的時間換取我一輩子的成功，我要全力以赴完成我的目標，我要全心投入我所設計的目標，我誓死一定要達成我的夢想，如果我達不到，我就____。

啟動成功事業的三個問題，你能不能

1. 承諾在第一個月內，建立四位領袖級會員

2. 承諾在第一個月內，學習兩個技能：商機說故事和邀約，每個月重複消費？

3. 承諾在前三個月內，學會網路陌生開發，複製你的團隊說故事和邀約？

如果你能承諾以上三件事，保證您100%成功！

Step 3 列名單：寫下名冊

銷售就是做「人」的生意，我們的工作就是要接觸別人，讓別人跟我們合作、做生意，所以組織、生意能否成功、能否做大，你的人脈非常重要。

俗話說人脈就是錢脈，而把人脈變成錢脈的首要動作便是——「列名單」。好記憶不如爛筆頭，腦海裡能記得的，畢竟不夠全面，難免有所疏漏，最有效的方法就是「寫下來」，清清楚地把名單列出來。把你所有認識的人的名字都寫下來，你會發現有許多對象是可以透過產品傳遞健康生活給他們的，更有許多對象是可以一起合作、經營事業的夥伴，你列的「人脈名單」越多，可以分享的對象就越廣，能做的選擇也就越大。名單就是錢！珍惜和善於開發名單，就是保護和拓展自己最大的財富，沒有名單這個生意就無法開始。

也許你會說，列名單還不簡單，拿一張紙把認識的人、覺得適合的人都列出來不就得了。這樣的做法不妥的是，很容易遺漏某些對象，這些人很可能就是決定你事業是否能快速做起來的關鍵人物，而且這樣的做法，會讓你忽略這些人脈彼此的關連，很難將人脈串聯起來，發揮最大的作用。

列名單的關鍵在於，寫下自己認識的所有人，不管他的職位有多高都全部列出，綜合分析後鎖定目標對象，擬定方法，再配合大量的行動，達成組織的快速成長與業績目標。

只要把名字寫進名單，奇蹟就會發生，因為列出名單後，就能產生一些效果，例如：啟動行動力，有確定的目標才能引發行動，有明確的目標對象，就能產生適合這些正確目標對象的行動。還可以鎖定對象，再將這些鎖定對象與有經驗的領導人討論，先列出推薦對象的順序，最後提高成交率，成交率的提升會帶來信心與行動力。

事實證明，名單就是我們的財富，我們要在名單上多用點心，分析你列出來的名單，並隨時補充名單，往往你的名單還沒用完，你就已經享受到滿滿的豐收果實。

有錢，是不是成功人士，有多廣的人脈關係，什麼都別想，只需要把他的名字寫在名單裡。從你認識的人開始「列名單」，從同學到同事，從親戚到朋友，那些許久沒聯絡的對象，也可以事先寫入名單裡，但請記得，對這群你許久沒有聯絡的朋友，必須要花心思經營，拉近與他們的熟悉度，才能開始接下來想進行的事情。列名單就是把你想成交的任何可能對象全部列出，綜合分析後鎖定目標對象，擬定方法，再配合大量的行動，達成組織的快速成長與業績目標。

列名單的兩大個原則

① 不評斷他人，但價值觀要相近

不要預設立場，在心裡判定誰會做、誰不會做，便將自己認為不適合的對象刪除。建議將認識的人先寫下來，當你剛剛開始這個業務時，你認為不會做的人，也許正是這個生意中你要找的和最該推薦的人。由於列名單的目的除了銷售產品，也是在選團隊成員、合作夥伴，所以我們除了要評估他的能力外，更要檢視他的價值觀是否與我們同頻！價值觀上的相近，可以保證在面臨重大原則問題時彼此是比較一致的，不至於出現難以調解的根本性衝突，也比較能相處融洽，也好溝通。一群擁有相同或相近價值觀的人，有共同的認識和追求，才可能與組織共同成長。名單中要包括對方的姓名、電話、住址、工作單位、職務、經濟狀況、家庭情況、個人愛好……等等，你的名單內容如果越詳細，你就越有可能從這些名單上獲得你想要的。因為你越了解對方，代表你越能找到對方的需求，給對方想要的東西，成交率才會更大。如果真的不清楚對方的資料，至少也要包括姓名，電話、工作／服務單位。

② 先求量再求質

名單越多越好，量大是致勝關鍵。當對象群越廣，列的名單越多，成功的機會就越大。在列名單的過程中，你必須先將所有認識的人都先列出來，也就是銷售中所謂的「緣故法」，然後再考慮用「擴散法」或「陌生法」。你列出來的名單，至少要100人以上，如果能有300人以上最好，想一想，如果你能列到500人以上呢？！如果你能列到

500人以上，只要你行動，你很快就會在組織行銷裡取得好成績，組織行銷可說是個講究機率的生意，有人認同自然也會有人反對，有人跟你合作，當然也有人不願意跟你合作。建議不要死盯住一個人，每當你想到某個人，寫下一個姓名時，不只是考慮這個人，而是要由這個人發散出去，做垂直與橫向的多向發展，同時寫下與他相關的、背後一整串的人，以便讓名單更齊全。如果你真的一時腦袋空空，趕快拿起電話簿、通訊錄或名片本等工具幫助你，仔細想想有哪些人可以列在名單上面？

如果你的名單不夠充分，你可以從以下幾個方向去思考：

- **哪些人擁有極佳的人脈網絡或自己的公司？**
- **哪些人本身從事的就是業務方面或相關的工作？**
- **哪些人有強烈的企圖心，且行動力超強？**
- **哪些人有較大的經濟壓力或比較需要額外的金錢？**
- **哪些人非常喜歡與人接觸，且相當有人緣？**
- **哪些人一向非常信任你，常接受你的建議？**
- **哪些人曾經表達過想換工作的意願？**

此外，這份名單要隨時補充和整理，名單不是一成不變的，它需要不斷更新，成功的人，每天都在做兩件事，補充知識跟增加人脈。我們每天都在活動，每天都有可能認識新的朋友，所以要不斷地、及時地把這些新朋友增加到我們的名單中。

當然，我們把一些人寫進名單裡，也要把一些人從名單裡移走，列名單是一項持續不斷的過程，不是把它寫好以後就收起來了。名單是用來使用的，不是用來收藏的，因為名單的價值在於開發和使用，能為你帶來財富。

每當想起一個老朋友或結識一個新朋友，請盡快寫在清單上，並在四十八小時內通一次電話。結識新人後，你要在二十四小時內記錄認識他的過程和你對這個人最深刻的印象。

最後要分析你的名單，目的是為了讓名單產生更高的效益，找出對方現在最想要的需求是什麼？然後想出我們的項目如何滿足對方的需求？如此一來生意就會成交了。

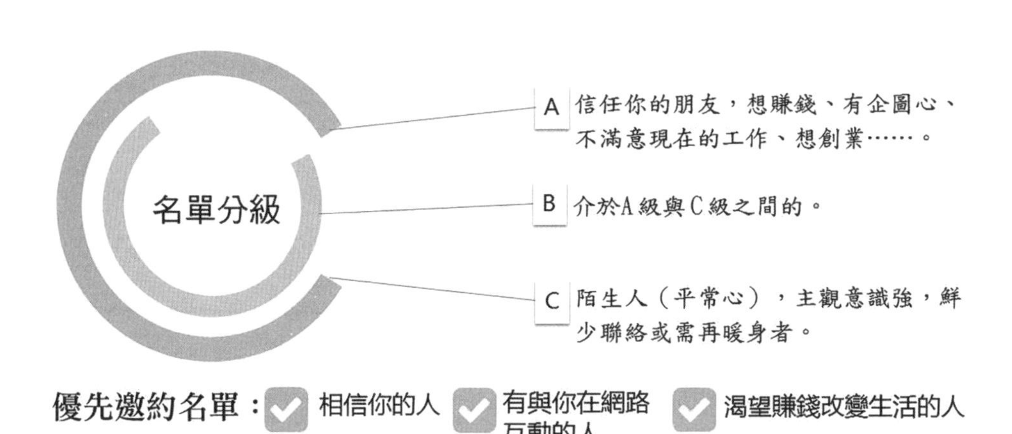

 名單的分類

當完成名單的填寫後，我們就可以將這份名單上的人進行分類，他們是互相認識的一些人，例如好朋友、家庭成員、親屬或者同事，還有經由運動愛好、社交和社團活動所認識的朋友，或屬於同一個俱樂部的朋友們等。

分類這些名單的時候，我們需要做一件事：把某個類別中最具影響力的三名成員先確定下來。例如在自己所在的公司裡，有哪三個人是最具影響力的？在好朋友當中，哪三個人是最具影響力的？在家庭成員當中，哪三個人是最具影響力的呢？有趣的是，當我們介紹一個人加入團隊的時候，會發現有許多人和他共同認識，比如我們介紹了小馬，會發現和小馬認識小李，然後又發現自己和小李之間、小李和小馬之間也有著一群互相認識的人。所以，團隊可以透過互相認識的人建立起來。

你可以用以下的分法來整理你的名單：

 用分類法（適合用來整理五十人以內的名單）

- **親友（先親後疏）。**
- **鄰居（先近後遠）。**
- **校友（從大到小）。**
- **同事或其他合作夥伴（從遠到近）。**

- 朋友（千萬不要忘記過去的老朋友們）。
- 一面之緣的人和新認識的人。

親友

	○
	○
	○
	○
	○
	○
	○
	○

用職業法（適合用來列百人以上的名單）

- 幼兒園同學：5人
- 小學同學：10人
- 中學同學：20人
- 你的父母：2人
- 你的親戚：20人
- 業務往來的朋友：20人
- 鄰居：30人
- 商店服務員：20人
- 成人培訓同學：30人
- 當兵時的同袍（或社團的朋友）：20人
- 你的近親兄弟姐妹：30人
- 歷來工作認識的同事：20人

- 你國外的朋友：5 人
- 孩子的老師：10 人
- 球友、牌友：50 人
- 給你看病的醫護人員：5 人。

大學同學

*
*
*
*
*
*
*
*
*
*
*

編號	姓名	Line 電話 e-mail	住本縣市	企圖心強	不滿現狀	有經濟壓力	有空餘時間	能接受新觀念	交情良好	交通工具	時常聯繫	失業危機	備註
1													
2													
3													
4													
5													
6													
7													
8													
9													
10													
11													
12													
13													
14													
15													
16													
17													
18													
19													
20													
21													
22													
23													
24													
25													

陌生開發：如何結識新朋友

我們每天都會遇見很多人。比如，在一家運動器材店裡，遇到一位陌生朋友，他滔滔不絕地和你聊起他在哪裡騎自行車，與你分享風景優美的騎乘景點，你可以適時地接過話題說：「這個經歷很有趣呀，請問你有名片或LINE嗎？我們可多交流交流這方面的訊息。」這時千萬不能和他聊你的產品或你的直銷事業，在那樣的一個時間和場合，最好先拿到對方的名片，以後再找機會邀他來聽計畫。

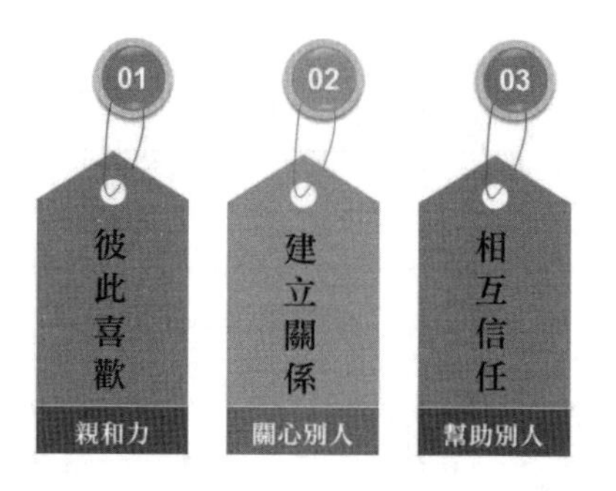

我們要不斷地擴展名單，讓自己有源源不斷的擴展對象。我們和人們交談的原因，並不是為了向他們講你的組織行銷、賣你的產品，而是為了和他們交朋友，先和他做一個友善的溝通，不要一開口就談生意、談合作，要等你和他建立一定的關係後，信任度增加了，再邀他去了解你的事業，這樣效果才會非常好。

當然， 如果朋友聽了你的計畫以後不認為這是一個好生意，或者他最近很忙、不想做或根本沒興趣，我們要尊重他們，也許時機不適合，這時可以推薦他使用你的產品，哪怕是一個也好，這樣他可能在使用產品之餘對這個生意產生新的認識。這時就先暫時把他們放進名單裡，在兩個月後或六個月後再聯繫，他們也許就會選擇加入。

要記住，時刻抱著正確的態度對待朋友們，要讓他們在離開的時候，對我們的感覺良好且愉快，這樣日後他們加入這個生意的可能性才會高。因為人們是否對生意感興趣，很大程度上與時機有關，無論你的方案多麼美妙，多麼無懈可擊，倘若他們覺得時機不對或不認同，他們就不會加入，但如果我們敞開大門，贏得他們的好感，他們就會記住我們，未來若有需要，他們就會主動與我們聯繫。

給自己訂個功課：每天至少要結交一位新朋友：讓它成為習慣。主動點頭、微笑、打招呼，主動聊天，建立聯繫，然後有目的性地創造重複見面的機會。不斷逛逛同一地方，光顧同一家餐廳或商店，與那裡的人建立起融洽的關係。

人際關係九宮格

網友	家人	同學
教友	自己	同事
朋友	知己	同好

Step ❹ 邀約：邀請你的朋友

當我們列完名單要思考的下一個問題就是，我們要開始怎麼去跟進、開發與邀約。列名單不是目的，你的目的是要將一個新人介紹到這個事業中，如果只是列名單，而不把新人約出來展示這項事業，不是紙上談兵嗎？但很多人的問題是邀不出人來。

邀約，就是訂一個約會，約時間、地點和生意機會，邀約的目的是見面，而不是說明你的事業，所以用LINE或電話均可。電話邀約並不是簡單地把電話打出去就可以，我們的最終目的是為了成交，讓客戶與我們一起成長。正確的邀約動作是成功的一半，那要如何正確邀約，才能收到實效呢？

邀約的目的就是要見面，沒有見面不算是成功，可以用LINE或電話邀約，一切要等見了面再說，因為人和人要見面才有信賴感，除非你們已經認識了，如果是在網路上初次認識的陌生人，想叫他簽單絕對沒有這麼簡單。所以，在電話裡面切記：一不談公司、二不談產品、三不談利潤，絕對不要開門見山地說要找他做直銷，電話交流也不宜超過三分鐘，只要約好見面的時間、地點即可，因為過早談得太多，對方的心門就會關閉，一旦你與對方在電話中約好了會面時間和

地點，這時你要及早掛斷電話、結束談話。沒有任何一個談生意的企業家，會在電話裡告訴他的客戶自己的公司優勢所在、產品的競爭力為何、利潤空間多大，在電話中是無法談清這些內容的，這三點應該在見面的時候談。你要引起對方的好奇心，最有效的辦法就是邀約時少講為妙，要講，也只能讓他感覺你要給他提供一些信息或機會、介紹一些成功人士與他相識，或給他提供一個難得的學習環境。你可以試著用「我有朋友在做咖啡生意，有一些試用包送給你，幫我評鑑一下，可以現在去找你嗎？」來邀約，以約在對方公司附近為主，這樣對方比較不好拒絕。

在電話邀約的過程中，要保持熱情，即使對方看不到，臉上也要始終面帶微笑，因為透過聲波的傳導，他們能夠感知到你的形象。電話結束時一定要先等客戶掛電話，自己再輕輕放下電話。

邀約之所以會失敗，首先是客戶對你不了解，其次是沒有安排好時間，最後則是無法引起他們的興趣。所以在進行電話邀約前，首先要找到對你足夠瞭解的客戶，然後選合適的時間打電話邀約，最後鉤起他們對你的好奇心，答應赴約。即使客戶最近太忙，暫時無法赴約，也要和對方確定好時間，在邀約的過程中，如果對方回覆：「過幾天我忙完吧」時，一定要和客戶確定準確的時間，如若不然，過幾天可能是幾個月才忙完，甚至是永遠都忙不完。邀約時請擺正你的心態，讓對方明顯地感受到你要和他分享一個千載難逢的好機會。一定要注意自己的心態，不能過分地去求別人，因為這是給他們介紹一個機會，用真誠和熱情，感染並影響身邊的人，讓他們感到有希望。讓對方強烈地感覺到你確實是關心他、為他好，而不是只為了你自己，提供他一個絕佳的創業良機與斜槓事業，因為好東西要與好朋友分享，好事業當然希望好朋友一起來打拚。所以你沒有必要放低姿態，像是在求人，反而可以採高姿態。例如：在電話中避免使用：「不見不散，我會一直等你。」這種有求於人的語氣，應該說：「你一定要守時，我只能等你十分鐘，你不能來，一定要提前通知我，時間過了我就不能等你了，因為我也很忙。」讓對方明白你的時間也很寶貴，是用分鐘來計算的，且邀約時，以下的NG心態也要避免——

- **不要強迫別人來**。例如：「你必須來，不來不行」。
- **不乞求別人來**。例如：「給我個面子，你一定要來」。
- **不要誤導別人來**。例如：「我今天請你吃飯，你過來坐吧，我給你介紹個漂亮女朋友」。

所有關係的確定，都是從邀約開始，從成功見面開始、從說第一句話、見第一面開始，所以，開口邀約吧！

而確定邀約的對象後，我們就要開始蒐集對方的喜好，想一想，如果這個對象不喜歡咖啡的味道，你還要約他去咖啡廳見面嗎？若能夠知道他的興趣喜好，就能貼近對方的想法，所以，假如他不喜歡聞咖啡的味道，你卻約他去咖啡館見面，在見面以前，你就已經被對方扣分了。

成功邀約的大前提其實在於「信任」，所以用當「朋友」的出發點邀約，就不會讓對方覺得很有壓力，偶爾還可以刻意營造一種氣氛，就是我只是「順便」約你出來而已。最常接受對方邀約的方法是：「要不要出來喝個東西？」或是：「你什麼時間有空見個面？」也就是說，我們可以先試探對方，對方如果有意願，我們再跟他確認時間與地點，這個邀約方式，被稱為「兩段式邀約」，反而容易讓對方對你卸下防備。

不同的邀約場景及方式

做好了邀約客戶的準備後，要對顧客進行分析，將客戶準確地分類，針對不同的場景，進行不同的邀約方式：

★ **電話邀約：**一定要針對對方的興趣和愛好。

★ **不期而遇的客戶：**無意中遇到客戶，碰面的時間都很短，不適合介紹你的產品或事業，要另約時間，但是一定要先引起他對你的好奇心與興趣。

★ **登門拜訪：**要注意自己的儀表形象，用大多數的時間和對方話家常，如家庭、身體、工作、業餘愛好和消遣、收入以及夢想。而你始終要情緒飽滿和充滿熱情與自信，激起對方想過更好的生活的欲望和企圖心，然後告訴對方有一個好消息、好機會想要和他分享，引起對方的好奇和興趣後，再邀約對方參加。

★ **邀約高層人士或長輩：**邀約這種客戶時，一定要保持謙卑心理，用向對方請教的語氣進行邀約。

 邀約時的注意事項

魔鬼就在細節中，以下列出應留意的地方，供大家參考：

1. 邀約前先學習，認真參加會議、請教前輩，學習怎樣邀約，並模仿。
2. 電話邀約速戰速決，2分鐘內邀約完畢。將邀約時間和地點確定清楚，哪一天？幾點？白天還是晚上？在什麼地方見面？
3. 用你的熱情感染他，興奮地告訴對方你已開始了自己的事業，且效果比你想像的好，還學到了很多知識。
4. 高姿態，不要求人！別忘了我們是「給人機會的天使」。
5. 邀約新人時，最好一次邀約一個人就好，如果兩個或多個新人一起來時，若有人猶豫或意見相左，會影響其他人的判斷和決定。
6. 不要帶兒童參加，小孩子坐不住，情緒難以控制，使大人無法專心溝通。
7. 安排兩個不同的時間，讓對方二選一，確定其中一個預先邀約。
8. 如果邀約朋友見面或出席的活動中沒有安排食物，你要考慮安排什麼時間合適，最好讓朋友吃飽飯來見面，因為餓著肚子無法使人專注聆聽。
9. 時間一定要充裕，新人才能在聽完講解後與你繼續溝通，使你進一步瞭解他的感受和想法。

10. 推崇系統和成功的案例、上線時，說詞要準確、到位、讓人躍躍欲試。

11. 如果打過五～六通電話後對方都拒絕你，這時不要再死纏爛打，應暫停電話邀約，向有經驗的前輩或主管反映，以便得到指導。

不怕被拒絕，因為被拒絕是正常的

被拒絕是一件很丟臉的事情嗎？其實，這是因為你還不認同自己的事業。如果我告訴你，知名的銷售大師、富爸爸集團首席顧問的布萊爾・辛格，他是指導過摩根大通、IBM、新加坡航空及其他許多企業的大師，他是如何突破邀約困境、嶄露頭角的，你願意試一試嗎？布萊爾・辛格曾經歷連續兩週業績掛零的困境，當時，他的主管下了最後通牒，告訴他，在接下來的四十八小時如果再沒有業績，就馬上滾蛋。於是，心急如焚的辛格跑遍檀香山商業區，根本沒有心思再去想會不會被拒絕？只記得若再沒有業績，他就必須滾蛋了。

所以，他一天之內陌生拜訪了六十八家潛在客戶，可是結果一樣一無所獲，但他在這六十八次的閉門羹中，他成功突破了「被拒絕」的恐懼，而且在每一次拜訪後，他能立刻修正自己要改進的地方。於是，隔一天，他僅拜訪十家潛在客戶，就拿到兩筆訂單，工作也順利保住了。

所以，我常告訴我的學員：會怕！就是因為還沒有跌到谷底，還有退路可以保護自己，因而有太多想法阻止我們發揮潛能。

還有一種常見的情況，就是夥伴不敢告訴朋友，約他出來做什麼事情？或是不敢跟朋友介紹你的領導人、不敢讓他們知道有領導人一起陪同約會的行程。像我就常聽見夥伴請我幫忙時說：我要跟我的朋友喝咖啡，你可不可以假裝那一天跟我巧遇，不然我擔心我朋友會嚇到……。

也許你對自己的事業很沒有信心，也許你對自己的領導人也沒有信心，但你一定要對自己有信心、對你認識的朋友有信心，因為真心與你相待的好朋友不會因為你做了什麼事業就開始遠離你，除非，你邀約他時對他有所欺騙；除非，你經營的事業是犯法的，不然他最差的回答應該是：「你說的事業真的很好，我祝福你成功！可是我對這個沒有興趣！」

電話邀約見面是給對方一個合作的機會，假如他不願意接受這個機會，或者認為這個項目不合適他，這時可以通透過他搭起通路，尋找其他資源。將事情講得清楚明白是我們的責任，但是否參與便是他的決定。記住，人脈是錢脈，廣結善緣對未來一定有幫助。

Step ❺ S.T.P：舉辦成功的集會

銷售實際上就是一個分享的生意，如果你不向新人講解事業計畫，他們要如何了解？講解事業計畫，在英文中稱作S.T.P（Show The Plan），這一步是這個生意的真正開始，是促進團隊發展的最大動力，也是你的推薦工作中最重要、佔用最多時間的步驟，所以我們要儘快會講，且越早開始越好。

講事業計畫的目的是為了：1. 推薦新人；2. 產生團隊動能；3. 複製你自己。為了有效推薦新人，在講述事業計畫時，不能廢話太多，要說對方想聽的，此外你要多看系統的書、多聽錄音檔，重複誦讀計畫，參加各種培訓，盡快融入系統，多觀察、多演練、多諮詢，迅速增加自己的功力。在這個業務中，要複製別人，就要先複製自己。複製的第一步就是要背熟「事業說明計畫」，你越早背熟計畫，就能越早開始獨立工作，這個生意就開始得越早；你講計畫的次數越多，你的影響力就越大。試想，如果每天有 萬人，在不同地區講解同一個計畫，業績的提升和團隊的動能是無法想像的。

你的事業計畫講得越多、越好，能推薦的人也就越多。事實上，組織行銷就是從數量中找到品質，如果你想找到真正的合作夥伴，就要不斷提高演講計畫的品質和增加演講計畫的次數。

講事業說明計畫第一印象尤為重要，銷售的失敗有八成是因為給顧客留下不好的第一印象。不知大家是否曾聽過「三三三法則」，這是指初見面的雙方，頭三秒主要會看你的外在形象、容貌、穿著，接下來三分鐘是觀察你的肢體語言和言談口調，再三十分鐘才是聽你的談話內容和注意你的個人魅力。所以，沒有「頭三秒」就沒有「接著的三分鐘」，沒有「這三分鐘」就沒有「之後的三十分鐘」，因此請先設計好你的開場白並打理好你的外在形象。

接下來，引導對方關注到你所要說的內容，首先你得先做好話題的鋪陳：首先前二十分鐘要採用「**FORM**」來主動聊天，以這**F**（家庭）、**O**（職業）、**R**（愛好）、**M**（收入）四個基本話題為框架就錯不了。

「你住哪裡？」、「你是台北人嗎？」聊家庭相關的話題時，要注意對方的表情，不要涉及別人的隱私，可以適時加上一些認可、讚美，可大幅降低對方的防備心理。

「你做會計的呀，我做銷售，聽說做會計的女孩子都很細心。」、「當初為什麼會選擇這一行呀？」……聊聊與對方職業相關的事情，如果對方熱愛自己的工作，或是他擅長的專業，這一話題就能打開對方的話匣子。

「平常下班你都喜歡做些什麼呀？」、「電影？最近我忙得天昏

地暗，倒是看得少，有什麼推薦的嗎？」興趣最容易激發話題，如果你是聊天新手就先從興趣開始，人總會有興趣，只是看她要不要與你分享而已，因此，不要去評判對方興趣的好與壞，你要做的就是認可與讚美，讓對方多說說為什麼他對這個有興趣。第四個是M（錢或收入），這可不是指我們能夠過問對方的薪水隱私，而是可以和他聊聊物價，石油最近又漲（跌）了、NFT、ChatGPT很火紅，或其他新的賺錢商機……透過隨意的聊天，依著吹牛→引起抱怨→引起好奇，讓他對你不設防。這時，你可以再順著以下七句話，去了解他的需求，伺機與他談你的計畫，但在問到任何環節時，若他表示沒興趣，你就要停止，立即再找下一個話題。

★ **你是做什麼的（或問你去哪裡）？**

★ **做多久了（或問幹什麼去）？**

★ **有沒有想過你所從事的行業五年後的發展前景？**

★ **在你所從事的工作中還有什麼願望沒有實現？**

★ **想不想找個新的發展機會？**

★ **想不想瞭解新的行業？（或新的生意）**

★ **想不想認識我是誰（迅速向他做自我介紹）。**

S.T.P.指的是展示計畫，展示事業機會分成三種方式：一對一；家庭聚會；O.P.P.（Opportunity Presentation）

一對一方式

這是642最厲害的地方，其有一套標準和方式，在任何地方，甚至窮鄉僻壤之地，皆可與人分享，主要是他們談的方式與內容與一般人不太一樣，這也較能找到真正的領導者，而他們的上線帶線或ABC作業方式又很徹底，故可以「複製」得很完整。

很多人都做過一對一，一對一講計畫有利亦有弊。有利的是，可以與對方單獨溝通，講解更細緻、更清楚，方便建立更深一層的親密關係；壞處是很難發揮推薦的力量，沒有見證人，速度太慢。

而且，如果你做大量的一對一，那肯定會出問題。有位夥伴每月講三十次計畫，平均每天一次，他很努力、很辛苦，但一個月下來，卻沒有任何一個人加入他的銷售團隊，也沒有幾個人成為顧客。究其原因，就是因為他每次講計畫都是一對一，無法帶動多大的熱情，讓人覺得沉悶，比較難帶動氣氛，感染對方加入。

家庭聚會方式

任何人的家中客廳或店面的一角，有時甚至是咖啡廳或餐廳等都

可以舉辦，透過聚會分享，來試用產品和說明制度的活動，參加對象可以是主辦人的親友、社區或興趣同好社團，人數也不拘。活動內容通常搭配聚餐、下午茶或慶生會等，以拉近與會人士的距離，當然主要是產品體驗和事業內容說明，同時進行銷售和簽訂單的動作。

家庭聚會能營造溫馨與自然的氣氛，是最容易進行、也最容易複製的一種操作模式，同時也最能傳遞直銷產品與價值的分享交流。

OPP集會

多半是公開的活動，需要大型或正式的會場，還要有燈光、麥克風音響和布置，以及投影設備來配合，但也因為成本較高，一般都由公司或是經銷商組織籌辦OPP。且為達到效果和成本考量，要透過動員組織邀約，一般至少要四、五十人到上百人以上參加。

OPP的活動內容通常由主持人開場，然後不同的講師輪流講解公司、產品、制度等，有時還會配合直銷商分享使用產品和事業心得，也會在現場提出促銷方案來刺激買氣。有些OPP還會搭配摸彩獎品來吸引人參加，或其他表演節目以助興。集會結束後，通常會在原地進行小組溝通，接著進行銷售、簽訂單等動作，也就是所謂的「會後會」。

網際網路發達，還可把創業說明會拍成影片播放，或直接在網站實況播出，讓直銷商及其邀請來的新人能以網聚形式參與OPP。

然而，OPP的作用也是有限的，你很難針對某個人的特殊需求講計畫，就算你知道每個人心中的夢想。

 ABC法則

在行銷、直銷事業裡，ABC法則的運用是成功的關鍵，善用ABC法則，無論你在傳統產業或是直銷業，都能協助你如魚得水，一般適用於一對一、家庭聚會（小型聚會）、公司聚會（OPP）、系統教育。

那什麼是ABC法則呢？

「A」就是Adviser，類似顧問的角色，成功的上層領袖，或是在某方面很卓越的人，凡是所有能幫助你成功的人、事，都是你要借力的對象。所以也可以是一段有權威的影片、權威性的雜誌，如上線、夥伴、輔導人、領導人、公司、制度、產品、會議、訓練活動……等。

★**「A」就是扮演一個權威性角色**，有專業、有成功經驗，值得別人聽取他的意見，就跟那些行銷做廣告一樣，通常會找在業界有指標性的雜誌、醫師、專業人士佐證，做代言或見證，A就是一個活招牌。

★**「B」就是**Bridge，類似橋樑的角色，也就是你自己，扮演的工作是「介紹人」。這個角色需要把A介紹好，就像業務員一樣，我們會向我們的客戶表達商品能替客戶帶來哪些好處，如果A是一個人，那我們就會介紹A能給客戶什麼好處。

★「C」**就是Customer：**你的客戶、新朋友，就是你想邀約的朋友。雖然不會所有的C都是你要的客戶，可是每一個與你接觸的人都有益於累積經驗值，而要找C，最好找擁有下述三種特質的人：有錢、有需求、能做決定者。

基於上述定義，這樣說也許你會更容易理解，你邀請朋友參加OPP時，你正在做ABC法則；當你邀同事去看電影時，你也在做ABC法則，這時電影是A、你是B、同事是C；當你邀朋友去逛街時，你也正在做ABC法則，不勝枚舉。所以只要有人，你就隨時隨地都在做ABC法則。

運用ABC法則，大致上可分為會前會、會中會、會後會三種，分述如下：

會前會

會前會就是「暖身」，是約人到公司聽OPP前的行銷工作，重點在推薦行銷「主講人」及「創業機會」，必須讓對方了解為什麼一定要去聽演講，訴求的重點在透過這位主講者現身說法，傳達這個「創業機會」的價值與難得之處。

會前會最主要的功能，就是取得邀約對象的友誼及好感，進入OPP會場前要帶你約來的朋友C，去認識主講貴賓A及上線、夥伴，其目的是要讓你的朋友有歸屬感，介紹A真實的績效，讓你的朋友知道認識A有什麼好處。

介紹人的角色做得越好，也就越有機會成交，遇到認識的人要點頭微笑，讓你的朋友感受到你的好人緣及融洽的氣氛，以解除他的心防，還要隨時陪伴在他身側，讓他有安全感，對你產生信賴感。

實際作法與注意事項：

- ★ **邀請C提前到會場（20～30分鐘）**
- ★ **盡可能全程陪著他，介紹朋友讓他認識。**
- ★ **介紹場地，進教室（會議）前請先上洗手間。**
- ★ **若C有帶小孩要安排妥當及照顧。**
- ★ **與C聊天，進一步了解他的基本資料、家庭狀況、職業、喜好與休閒、理想與夢想、經濟。**
- ★ **保持高度的熱情，感染你的朋友。**
- ★ **要捧上線A，介紹時就說是好朋友，人很好相處、觀念很新，對長輩很孝順，對家人很照顧。**
- ★ **介紹夥伴及成功者和新朋友握手認識，令C擁有良好的第一次印象。**
- ★ **大略告知教室內規則，提醒關手機或調到靜音，會場中儘量不交談。**

會中會

所謂「會中會」就是指會議進行中你必須做哪些事情，如何協助你的朋友C更快進入狀況，有助於接下來的成交。很多人以為把新朋友推進會場內就沒事了，自己就在會場外面無所事事，這是大錯特錯的事。大部分沒經驗的老朋友會認為，不進去聽的理由是已經聽過了，再聽還不是那一套。但其實老朋友雖然聽過了也要進去陪新朋友一起聽，這是必須做的「工作」。台上有傑出的主講者幫你向新朋友介紹事業，台下的你也要負責帶動學習的氣氛，適當地點頭、微笑、鼓掌，敲邊鼓、與講師一問一答地做互動，讓你的朋友受到感染，融入這個團體。

實際作法與注意事項：

- ★ **坐在你朋友的旁邊讓他有安全感，以便他專心聽課。**
- ★ **積極配合A的現場互動，讓互動活潑起來，該笑的時候就要笑，該鼓掌就要用力鼓掌，該回答的時候就大聲的回答。**
- ★ **拿出筆記用心聽，用心寫，最好一邊進行錄音，這些動作是要帶動新朋友也做筆記，避免相互交談的干擾。**
- ★ **拿出筆和紙給你的朋友，並叮嚀講座開始後不了解的可以把它寫下來，結束後再來討論。**
- ★ **注意觀察新朋友聽課的反應，如果新朋友在睡覺，可以輕輕搖醒他。**
- ★ **不可以提前離開會場。**

會後會

會後會的重點，在於「成交」，而不是「強迫推銷」，所以，你在跟進時可以從講師講授的內容談起，並以剛剛所記的筆記內容，處理其發問的異議問題。請記住：只有不斷與會，不斷修正，跟進與促成，才有成長與發展的可能。

實際作法與注意事項：

1. **引導對方再坐一下，一起討論QA。**
2. **切莫讓新朋友把問題帶回家。**
3. **C離開前借C一些資料，作為下次邀約的理由。**
4. **會後有意向的客戶要推薦上級指導老師加強溝通。**
5. **會後隔天，帶著產品登門拜訪做締結工作。**
6. **成交一週後，詢問客戶使用產品的感受，並引導進入系統學習。**
7. **經常打電話告知新朋友的新資訊，並關心他的生活。**

Step ❻ 跟進：徹底實踐

分享會（一對一、家庭聚會、OPP）之後要如何跟進呢？是不是對方沒加入，你就心涼了，放棄呢？錯了！他其實已經有99%的心動了，就差你1%的跟進服務而已。對於剛剛參加完OPP、家庭聚會或走動互動過的潛在新人要遵循二十四～四十八小時原則，也就是在兩天內及時地與對方聯絡。因為，過了四十八小時之後，人們就容易淡忘或改變對某一事物的看法，不再有當初剛接觸時的熱情和興趣了。

名單有了之後，你開始邀約、講計畫，然後跟進，你將會碰到以下三種人——

放棄者

他不要這個機會，不認為這是個好事業，或者他最近很忙，暫時不想做。對於這種人，你可以爭取他成為純用戶，作為公司產品的忠誠消費者，並試著請他介紹需要這個機會（事業）的朋友。

讓他使用我們的產品，因為他很可能透過使用產品，而對這個生意產生新的認識或興趣。所以，請了解一點：並不是所有人都需要這個事業。你的目光要投向那些需要這個機會的朋友身上。

中介者

他可能真的想做，雖然他暫時做不了或是目前還不會做，但是他可以為你介紹潛在客戶或者對你的計畫可能感興趣的朋友，這種人你就要特別重視他。他可能對自己的能力有所懷疑，所以你要鼓勵他，讓他先學習、讓他嘗試去做，在實際行動中不斷提升個人能力。對能力、人際、時間、體力欠佳的人，只要他真的有想要做這個生意，可以讓他先提供名單，幫助他做深度的工作。千萬不要忽視這類人，因為今天他不啟動，並不意味著他永遠不啟動。

領導者

你要找到的就是這些人，他們是未來組織的建構者，只要他有夢想、願意改變、願意付出、願意配合，他就一定會建立起一個龐大的團隊，所以你要和他們建立起緊密的關係，因為他們就是你未來下線的核心領導人。

如果要發展一個堅實穩定的事業，你要建立四～六個團隊，兩年內每月推薦一人，橫向發展至少找到三～四位強有力的領導人，並繼續複製，每個部門中至少縱向找到三～四位領導人。

有發展潛質的關鍵人物，一般具有以下特點：

★ 他們有夢想，且明確知道自己要做什麼。

★ 始終保持積極的心態，不言敗、不放棄。

★ 他們願意學習、改變，適應性強。

★ 這種人就是不斷給你Line或打電話諮詢的人，他們也是好的聆聽者。

★ 他們能承諾至少每天講一次計畫，是持續的行動者。

★ 他們能很快地融入團隊，永遠把幫助別人放在第一位。

★ 參加大會和各種培訓會議，逢會必到、逢到必記、逢記必會。

★ 積極觀看視頻、聽音頻、看書，向上級業務代表定期、定時諮詢。

★ 他們是產品的忠實愛用者，能夠發展和穩定固定客戶，使業績穩定地成長。

★ 他們素質高、有迷人的個性： 誠實、忠誠、負責任、絕對的正直（integrity）。

★ 他們遵從並且也教別人做成功八步。

★ 他們是很好的推崇者和宣導者，他們總是推崇上級和激勵下級業務，極力推崇公司和系統。

★ 他們注重承諾，能指導團隊成員良好工作。

請常保一顆平常心，你不能因為他不認同你介紹的事業，就認為他不是你的朋友。他依然是你的朋友，人各有志，有各式各樣的選擇，別因為他不選擇你所推薦的事業，就與對方切斷關係，而且他今天反對，不意味著以後還反對。

OPP說明會後，你要注意觀察，哪個是有反應的，感覺很有興趣；哪位是可能不喜歡，又不好意思當面拒絕，只好遠遠地坐在角落裡的人。

對於有反應者，你可以直奔主題問他這個事業他最感興趣的地方是哪裡？這樣他只能回答你他最感興趣的地方，或是你可以這樣問：「這個生意不錯吧？想不想做大？想不想加入我們？」注意，說這些話的時候，要一邊點頭，一邊微笑，為什麼呢？因為伸手不打笑臉人，對方不太好直接板著臉拒絕。

 如何掌握跟進的時機？

跟進的時機是非常重要的，首先，時機不對，不要跟進。什麼是時機不對呢？羅伯特・清崎就是一個典型的例子。他當時剛開始新的尼龍生意，別人拉他去聽了一次直銷OPP，他當時毫無興趣，多年後，他卻認為直銷是最好的生意，如果可以從頭來過，他一定做直銷，而不做尼龍生意。有人問他為什麼當時對直銷不感興趣的時候，他的回答就是時機不對，如果兩年後有人再跟進他，他一定會做直銷。

有些你認為很好的人選，也許因為他的個人狀況，現在從事直銷

的時機還沒有成熟，如果這時你還一廂情願地在他身上花時間和精力，到頭來還是竹籃打水一場空。倒不如將他列進你暫緩跟進的名單裡，等時機成熟了，再推薦他加入。

一般對這種認為時機不合適的人，可以半年後再跟進一次，聯絡一下感情，和對方分享你事業的進展情況等。為什麼要半年後呢？因為據統計，半年的時間足以讓人的事業和生活發生變化，可能之前聽不進去直銷的人，現在卻想聽一聽，瞭解一下，如此一來，你的及時跟進才會產生效果。

相信你曾碰到過這樣的人，第一天參加完OPP的時候表現得很激動，表示絕對會參加，但當你第二天跟進的時候，會發現他突然變卦，態度180度大轉變，避著不接你電話，讓你聯繫不到……這表明此人回去受到家人或朋友的影響而退縮了。面對這種人，你可以暫時放棄他，他會覺得鬆了一口氣，這樣一來，你們的關係也不會因此被破壞，以後你還是有機會跟進的。特別是當你很成功的時候，往往是這種人會先忍不住而主動來找你，這時你再跟進，效果最佳。

接下來，請想一想每天跟進同一個人，你覺得好嗎？

當然不好，我相信我們都曾被銷售過，也都有拒絕被別人成交的時候，請問如果銷售人員一天到晚跟你聯絡，你不覺得煩嗎？所以「己所不欲，勿施於人」，如果你都不喜歡這樣的方式，就不要如此對待你的新朋友。

那麼，多久之內跟進，才是合適的時間呢？一般來說，參加完某一個OPP說明會，或聽完你的產品解說後四十八小時內，我們一定要跟客戶取得聯繫，聽聽他的想法，看到他的需求，找出客戶問題背後的真正問題，並且在銷售的黃金七十二小時之內成交他，因為超過七十二小時，客戶就容易淡忘你所為他引導出的需求，沒有一開始那樣地興奮和感興趣，也就是說他的衝動不見了。

跟進，不是黃金七十二小時都一直盯著他，也不是像馬拉松式的賽跑，無窮無盡地等著他。透過「跟進」，可以讓我們有足夠時間，去思考他拒絕的原因，再次找出他真正的需求，解決他的疑惑，用你的自信與熱情，去強化他對這個事業或產品的信心，透過夢想與激勵，一步步引導他加入。

啟動新人

當新朋友在聽完事業說明會後，很感興趣地問：「我該怎麼做這個事業？」這時，你要很認真地問他以下四件事：

① 能逐漸換一個產品品牌使用嗎？

不是為了我，而是為了你自己。你要和這家公司合作，但你都不瞭解它的產品，這個事業如何能做得起來？如果你使用了產品不滿意，請你馬上通知我，我會告訴你一些正確的使用方法，很可能是因為你的使用不當而導致效果不好。如果我告訴你正確的使用方法，你使用後仍不滿意，這個生意你就不要做了，你可以向公司退貨；如果你使用了覺得很滿意，你能不能向別人分享你使用產品後的感受？這樣，你就開始學會做這個事業了。

② 為了學會做這個事業，願意加強學習嗎？

你要做到逢會必到，勤做筆記。你至少每個月要參加兩次以上的培訓會議，且每個月至少要看一本書、兩段視頻，這些書和視頻影片是我們教育系統推薦給你的。為了提升你的個人能力，你願意嗎？

③ 你能立即行動嗎？

我們需要有行動力的人，你能不能在邊學、邊做的同時邊教別人，並爭取每個月至少影響一個人，你能做到嗎？

④ 是否能堅持？

你已經答應我上述三件事，那最重要的就是第四件事，以上三件事你能不能堅持做一年？要記住，最重要的便是你啟動的第一年，千萬不要停止去做前面所說的三件事。

這個事業實際上很簡單的，你只要能承諾，在一年中，肯定能做到上述四件事，我可以向你保證所有的人都可以在這個事業裡成功。我相信你能做得到，而且我可以向你做一個承諾：我願意和你在這個事業裡一起打拚、一起努力。

如果你問完這四件事，新朋友也做了肯定的回答，你就可以接著談辦理加入的手續事宜。你最好給他做幾個產品演示，然後讓他挑選一些產品作為試用體驗，如果他們購買了產品，你要在四十八小時到一週內跟進，關心其使用情況。

在啟動新人的時候，要按以下步驟執行：

★ **一對一溝通：**做一對一溝通，深度工作。原則是善於傾聽，絕不爭論，先認同，後解釋；情論重於理論，要心對心的溝通。

★ **教授新人做八步：**帶他立即進入「行動圈」，特別是讓新人列名單，背計畫。

★ **身教與跟隨：**言傳身教，一切做給新人看，有條件的，可近距離讓新人適當跟隨。

★ **熱線聯絡：** 說給他聽、做給他看，再請他做給你看，並給予鼓勵。

★ **教他說話：**激勵和幫助新人建立信心。

在新朋友瞭解事業和產品以後，他們有時候跟你要一些相關的資料，以便自己在資料裡面找尋答案，但效果通常都不好。你的資料都是花錢買來的，你一個一個的給足資料，新朋友覺得沒有什麼，但對你來說就是一筆費用，如果沒有效果，那你就得不償失。但對新朋友而言，因為拿到的資料是免費的，也就不會認真看，意願也會大打折扣，很可能你再約他，他會告訴你看了資料但不感興趣，於是你連再一次見面的機會都沒有了。

對於還沒有經過一對一，ABC二對一交談或參加過OPP的新人，你絕對不能給他們深入的資料，他們絕對不會因為看過資料就加入。你必須先找他們聊聊，再順勢將資料借給他們看，比如隨身碟、書籍等，但要記得是「借」而不是給。為什麼呢？

這就是跟進技巧之一，是為了有機會跟進和再和他們見面。因為他們必須再還回這些東西，你們就一定有機會再見面，而那些猶豫不決的人，在和你見面時又被你說服的機會其實是很大的。

跟進的基本原則

★ 首先要判斷所跟進的人是不是潛在人才或大客戶，這決定著他們值不值得你花時間或花多少時間來跟進。

★ 運用20/80原則，花80%的時間跟進「大客戶」，花20%的時間跟進「小雞」或不活躍的經銷商及客戶，不然很容易事倍功半。

★ 像追女朋友一樣，有點黏又不會太黏，跟緊客戶，但又不會讓他覺得煩，在四十八小時內多找出對方的需求，在七十二小時內，讓自己跟客戶保持熟悉度。

★ 千萬不要覺得自己的記憶力很好，請一定要做客戶表格，記錄這次說明會他購買了什麼？你探查出對方的什麼需求？知道得越詳細，越能幫助你與客戶的熟悉度，有助於你下一次的拜訪。

★ 定時定點的拜訪。每次的拜訪大概三十分鐘至一小時即可，不用太長也不能太短，讓客戶對你印象深刻，習慣在那個固定時間見到你。

★ 永遠與客戶約好下一次的聯繫時間！

★ 每次都要自我檢討，找出改進方法，對症下藥。知道每個人的需求是不同的，你要瞭解他們的需求，不是每個人都會成為經銷商，因為不是每個人都對賺錢感興趣，也許他們只是對產品感興趣，並非對這項事業有興趣，這時你就不能一直對他們談事業，應該側重於產品，倘若他們能成為你忠實的顧客，這也是個好結果，反之亦然。

所以，「跟進」在銷售的過程中真的是一種藝術，銷售需要透過「跟進」才能完成。跟進做得越好，客戶越喜歡你，通常穩定消費的客戶，都會變成你一輩子的好朋友。

Step 7 檢查進度：諮詢&溝通

檢查進度就是在這個事業系統中，定期或不定期地向上諮詢和向下溝通的過程，你要想建立龐大、穩定的個人事業，你就要持續向你的上級諮詢和你的下線溝通，而這諮詢過程，我們就稱為檢查進度。

你上面的推薦人組成了包含你在內的諮詢團隊，他們的利益和你的利益緊密相關，你將從他們那裡得到力量、諮詢和發展策略。和他們保持密切的聯繫、相信他們、推崇他們，按照他們所教的去行動與落實，並保持諮詢。透過諮詢，我們能複製成功者的經驗，緊跟系統或團隊的腳步，得到最新的資訊，節省人力、物力，提高工作效率。當我們有了下線，我們就是下線的諮詢對象，這時我們必須擔負起檢查下線的職責，增強團隊的凝聚力和團隊動力。

如何向上諮詢

我們要做得更好、更強，就要懂得借力、使力、不費力，好好利用自己的諮詢管道，多向上級諮詢，讓自己成為上級眼中的「有心人」。

在向上級諮詢前，一定要準備好你想諮詢的內容以及我們自己的進度，因為他們不可能先為你做諮詢，再接著幫你做市場檢查，這樣效率不僅不高，還會消耗上線和團隊的金錢與時間。所以，一定要將諮詢和檢查的東西都準備好，最好是有個書面的東西可以看。以下是需要注意的事項：

1. **預先畫好你的組織結構圖，標出新加入的事業夥伴，寫上成員的業績。**
2. **編寫一個當前事業進度表，總結生意指標情況。**
3. **準備好所有的問題與疑慮，並將近期的成績一併奉上。**
4. **主動向上線領導請教，例如：你認為我們有什麼地方需要改進。**
5. **真誠地將你內心真正的需求表達出來，然後與上線交流出最好方案。**
6. **必須謙虛，耐心聽取前輩的意見，做好筆記。**

如何向下檢查

如果有了下線就有了向下檢查的必要，有了自己事業的小平台，就要好好維護和發展，而向下檢查就是事業不斷放大的保障。從事業夥伴中找出得力戰將，就是在平時的檢查中要慧眼獨具，要時刻用心，不要放棄自己的每一個下線。

 檢查的內容

★ 檢查部門的活動情況及目前重要生意的指標情況，回顧自上次檢查後的生意進展：重點要看活躍度高的部門。活躍度高指的是發展情況很好，無論是新進事業夥伴數量、產品訂購量、工具流的購置方面都比較活躍，這樣的下級是「有決心」、「有能力」的，可以重點培養。

★ 重要的是讚揚並鼓勵你的下線，我們都是朋友，要設身處地的為彼此設想，什麼才是他們最需要的？要讓他們感受到你的真心。

★「陣亡率」高的團隊也要大力輔導，給大家講態度、觀念、夢想，解決他們需要諮詢的問題，同時指出錯誤，提出改正的方法，重點強調積極的心態。

★ 幫下線夥伴制定出下一步的工作計畫，並分析可能存在的一些困難，提出適當的建議，並及時回報，保持上下一條心，資訊暢通。檢查下線各項培訓工作的參與度和進行情況、系統或團隊的會議參加情況、家庭聚會的舉辦情況及諮詢會前會後的情況，獲取回饋意見。

★ 詢問並設法優化下線夥伴的購買和使用情況。

為什麼要檢查進度？為的就是確保夥伴們能堅持在正確的觀念

上，統一思維模式，在發展模式上做到百分百複製，在方法上可以輔導下線學習與仿效成功者的經驗，讓行動可以落實在點子上。其重要性統整如下——

① 目標導向，提高工作效率

★ 上級會提醒和督促你完成你設定的目標

★ 教授你如何調配時間與資源

★ 教授你在達成目標過程中做哪些主要工作（如培訓、產品線組合）

② 複製系統成功模式

★ 上級會指導你如何遵循成功模式、成功八步和系統成功的原則

★ 上級會向你傳達有關系統的最新資訊

★ 上級會與你分享他在成功過程中的經驗和教訓

③ 深化彼此關係，增加團隊的凝聚力

★ 上級會告訴你所看到的你們的業績和團隊發展情況，並提出建議

★ 上級會傾聽你所陳述的工作和生活現狀，以及你的困擾（包括家庭、子女教育、業務狀況，提出他的建議）

★ 今後你們將怎樣配合工作，他能為你提供適切的幫助

檢查進度的原則

① 定期定時諮詢

★ 上下級之間每月至少要有四次諮詢，特別是月底最後一週要檢查業績，讓上級知道你這個月的業績完成情況和下個月的業績目標。

★ 大目標的實現，來自於小目標的完成，沒有小成績的累積，如何能做到鑽石階級。收入來自於業績，若不落實具體的時間和行動，你很難真正獲得經濟獨立，財務自由。

★ 相信諮詢線，並推崇你的上級，複製他們教你的成功模式，爭取獲得他們的合作和支持。

② 業務不干擾，盡量不越級和絕不向旁部門諮詢

★ 保持諮詢線的完整性，一般情況下，最關心你的應是你的直系上級，因為你們的利益緊密相關。

★ 不要越級和向下插手做諮詢。上級的上級一般不瞭解你的具體情況，不易管理，且不利於你和其他上級的感情，也不易複製（如果所有的下級都向同一個最上級諮詢，這樣業務不僅做不大，也做不好）

★ 旁部門之間要真誠相待、合作，但不與旁部門進行業務諮詢，更不允許業務干擾與跨線。

③ 承諾要兌現，承諾要相互實現

★ 真誠和信守承諾是建立信任的基石，只有相互之間各自履行承諾、信任、互助，永續穩定的事業才得以真正建立起來。

★ 承諾是相互的，你不能只要求對方兌現承諾，自己卻言而無信，若做不到就不要承諾，說出口的承諾，就一定要實現。

每週6分鐘診斷法

用2分鐘的時間問他——

Q 對新人詢問理由：為什麼參與這個計畫，理由是什麼？

▶ 這樣你可以知道他在這個事業中的需求是什麼？

Q 對領導人詢問目標：問他本月和年度的業績指標是什麼？

▶ 待他回答目標之後，再問他真的能達成嗎？引導他做出承諾。

接下來用4分鐘的時間，檢查他在行動圈中的工作情況——

★ 有沒有新名單？

★ 邀約成功率如何？

★ 事業說明會的次數和效果如何？

★ 跟進情況如何？

如果四方面都有問題，你就得對他進行全面性的指導，如果只有某項有問題，就為他做某項的專業指導即可。

給予夥伴經銷商的培訓和輔導重點

1. 引導夥伴跟隨公司和團隊，共同學習和持續成長。
2. 定期檢查下屬夥伴和小組的經營狀況，以及各項發展指標。
3. 注意下屬夥伴的業務額（重消+新增），新會員增加人數，以及會議參與情況。
4. 每次諮詢和輔導時，要檢查上次業務諮詢後他們採取的行動和進度。
5. 每次諮詢和輔導結束後，都要激勵他們，加強他們的信心。
6. 真心關懷夥伴，用心交往加深彼此的關係，不要只是在乎他們的業績。
7. 理性分析並找出下級經銷商的錯誤和不足之處，提出改正的具體作法。
8. 當下級夥伴遇到的問題是我們的能力和經驗所無法處理的時候，我們要向上尋求諮詢和協助，千萬不要自作聰明，給予錯誤的解決方法。
10. 每次諮詢或輔導完後，一定要協助下級經銷商擬定下一步具體的行動計畫。

日期	幫助到人	建立名單	邀約講計畫	聽音頻做筆記	讀書學習	看公司產品影片	自我暗示

Step 8 複製：教導成功模式

或許有人認為做組織行銷，如果配合的公司產品優良、制度慷慨，自己好好經營也會有不錯的收入，就未必要招募夥伴。但如果你是想要有效率地擴大營業額與市場，那就要建立團隊，而建立團隊最好的方式就是複製，這也是642系統一直以來的核心要求，如果沒有一個簡單好複製的方法，組織就難以發展，也難以穩定。

為什麼要複製？在直銷中，強調最多的就是複製，直銷能夠強的原因，就是因為在同一個時間，有很多人在做同樣的事情，這個叫做「複製」。

「經驗」是最好的老師，不虛心學習前人的經驗，往往要付出慘痛的代價。那些做不出好成績的人，是因為那些人不懂得好好利用諮詢線，不懂得推崇，只知道憑著一腔熱血，卻禁不起一兩次的挫折，所以很快就陣亡了。如果你能跟隨成功者的步伐前進，你的成功機會將大大增加，即使你在開始的時候不太明白每個細節，但只要你緊緊跟隨，就能自然而然走在軌道上。

如果你僅憑個人能力、信心或財力，而獲得推薦上的成功，你將很難建立一個大生意，你所能創造的成長，將受限於你的個人影響力。

但如果你的合作夥伴複製你的心態、工作態度、習慣和業績，你的成功就可以成倍增長。你複製的是前人經過驗證且有效的原則與步驟，用行動去體會，用虛心去學習，就可以避開大量的試錯，不致於浪費太多時間。

只要你的工作系統有效，並且能被複製，那它就能為你帶來長遠的收穫，提供其他成員一個可傳授、可複製的管道，以利他們發展，順利將團隊擴展起來。所以，在自己的夢想成真前，你得要先幫助更多的人夢想成真才行。

我們常會在各種培訓會上聽到「保持簡單」這樣的詞，為什麼要保持簡單？因為在這個事業裡許多人都有相同的經驗，幫助下級事業夥伴做ABC法則時，平均OPP示範到第三次時，下面的夥伴們心中大都會有這樣的一個疑問：「怎麼每次都一樣？」但在第四次時，新夥伴幾乎都已經能獨自做OPP了。而當新加入直銷夥伴能獨立運作時，代表我們已經成功一大半了，這就是為什麼要保持簡單的道理。

因為簡單所以能快速複製，而複製一定要簡單才會快。

直銷是「人」的事業，因此就會產生「人」的問題。一般系統或團隊包括企業中，人的品質比數量更為重要，我們要的是願意100%複製的人，這樣的人越多，系統或團隊的力量才會越大。因為步調統一、方向統一、目標統一、動作也統一，這些100%的複製者經過訓練後，每個直銷夥伴都一模一樣，此時若有新舊夥伴一起做團隊合作，那上級的支援就會非常容易。

強調做業績，做到高階並不難，也不是挑戰。真正的挑戰在於如何複製及維護整個系統團體，讓其在不走樣的情形下朝著更高的目標不斷邁進。

如何複製

複製當然要從自己做起。

想要新人進行100%複製，最簡單的方式並不是要求新人複製，自己就是最好的示範，因為新人複製的物件恰恰是我們，你為你的小組立下了榜樣。作為一個領導人，你的行動比你的言語更能打動人們，所以我們自己就必須確實地複製我們上線的領導模式，熟練運用推崇技巧，從上級那裡複製行動圈的所有技巧，並演示給你的下線夥伴看。由於你自己就確實做到100%複製，在你的身教展示下，新夥伴自然也能複製到系統和團隊的正宗精髓，這就是所謂的「上行下效」。

首先是服裝儀容

有句話說：「要做好帶頭的角色，連形象都無法改變的人，怎麼來做這個事業呢？」一般都是穿著白襯衫、深色西裝搭紅色領帶（女性穿套裝），如果在一場事業說明會裡，大家都穿得隨心所欲，各領風騷的樣子，假如我是來考察這個事業與商機的人，看到竟是一場隨意的聚會，便不會對這個事業有太大的信心或良好的印象。

複製產品知識

在做產品講解或產品會議講解前，如果拿到系統或企業的產品手冊，那複製應該不難，但需要注意的是，在講解產品時不要刻意去詆毀別人的產品。要特別去瞭解同類產品的優劣，但不要一味誇大自家產品的優勢，可含蓄地指出任何產品都不是完美的，以大品牌產品的品質問題來做鋪墊，如此一來就能順勢帶出自家產品的好處了。

OPP、NDO的複製

也就是整套工作流程，以及整個商業模式的解說能力。每個人一開始都需要一個熟練的過程，要有強烈的事業心，在自己已經能熟練講解OPP、NDO的前提下，讓自己的下線夥伴來學習→看演示→自己模仿演練→正式實戰的這個過程，如果這個環節複製成功了，我們才能再去開拓另外的新市場。

對上線不要隱瞞自己的做法，若不聽就是不複製

與上線討論自己的做法，其目的是請他們以他的經驗來幫我們把關，評估我們的做法是否適宜，讓自己能在不走岔路的前提下加快邁向成功的速度。隱瞞或是不聽從建議就是不複製，這樣會使團隊的執行無法達到應有的效果，從而降低工作效率。

與上線建立友誼

與上線多聯繫，其實是保持諮詢線的暢通。在直銷事業中，上線最願意幫助有心的人，「有心人」就是已經非常清楚自己「定位」的人，

而清楚自己「定位」的人，大多自動自發且具有獨立事業心，上線自然願意多協助。

直銷行業究其根本是團隊運作，團隊工作使你夢想成真，你和你的上線其實就是你團隊的開始。有一些人總認為上線花時間幫他帶下線有很強的目的性，而有「不能讓上線賺我的錢。」的念頭產生，理所當然地認為上線為他付出是應該的，不但不知感恩，還認為上線應該為我投資，主動與我聯繫……要知道，這個生意是不斷複製的，你現在怎麼做，未來你的下線也會怎麼學你，上線幫你是因為情份、不幫你是本份，他並不是只有你一個事業夥伴，會在你的身上花時間、花精力，甚至金錢，是因為直銷是助人助己的事業，而且他很明白這個生意是自己的，並不是為別人做。

一位鑽石級直銷商曾經說過直銷這個生意做大的秘密就是「關心別人」。你會說故事，會講你與上線的故事，你就越容易打動人心。你要學會激勵和造夢，進行心對心的溝通，分享自己的體驗，講故事，身教重於言教，手把手地教，立即行動，以助人的心態去幫助足夠多的人夢想成真，你才能夠夢想成真。直銷公司本身不會給你帶來成功，唯有自己不停地做才會成功。

複製的重點

如何複製呢？當然從自己先做起，要學習將所有642系統的關鍵，依照步驟進行一次，並將成功的經驗記錄下來，用這個成功的經驗不斷傳承下去，就像一顆種子，如果你種的是蘋果樹，它的果實就絕對不會是香蕉。

構建學、做、教、傳的複製模式通過大量學習快速培養成功所需要的專業知識、能力和運作模式，學習的同時一定要以實際的行動應用所學。要在行動和做市場的過程中累積更多的經驗，這時，必須再回過頭反覆地學習。因為這時的你經驗更為豐富，所以初次學習無法體會到的精髓才會被進一步地理解和吸收。這時，再通過大量行動將體驗到的精華應用在實踐上，就能逐漸學以致用。當你把所學的東西融會貫通時就可以開始進行「教」的工作，讓你的夥伴同樣通過學中做、做中學的過程有效地複製成功模式，然後，你必須督促他同樣把這些智慧精華複製給他的夥伴，就能傳承下去了。

1. **不要浪費時間去犯錯。因為經驗是最好的老師，別人已經在同一個地方跌倒，還告訴你要小心哪一個地方，你就要避開。不要浪費試錯的時間，你還可以做更多對團隊有意義的事情。**
2. **簡單複製。一名老闆如果今天說一個做法，明天又換成另一個做法，你會不會無所適從呢？透過642系統，其教導經營組織的做法都一模一樣，因為簡單，所以很好複製，成功率也比較高。**
3. **穩定性要高。642系統的複製不在於人多，更重其品質和夥伴的素質穩定，向心力與凝聚力足夠，複製出來的系統才會穩**

定，不會隨意變換。

4. 團隊教育貴在神速，教每一位新人立即學習成功八步，不間斷地與上級追蹤、檢查團隊工作的落實情況。

5. 把握每一個傳授成功八步的機會。如：一對一、培訓會。

6. 確實掌握五項基本功：講計畫、產品示範、家庭聚會、一對一溝通、成功八步曲。務必做到：持續練習→ 熟練→ 落實→ 傳承。

7. 邊學、邊做、邊教別人：榜樣的力量是無窮的。人們不會聽你怎麼說，他們只看你怎麼做。

8. 複雜的生意簡單化，簡單的動作重複化，重複的動作頻繁化。你要相信只要不間斷地去做，就一定會有收穫。

9. 你首先必須學習，然後再去教導，而後去教導那些教導者如何教導別人。

10. 你立下的典範是教導他人最好的教材。

億萬富翁的複製思維

人才和業績是直銷事業發展的兩條腿，唯有均衡地發展才能更加順利和穩固地引導事業的發展。因此，當你推薦新夥伴加入事業時，必須引導他融入團隊和對他盡完善輔導的責任，讓新人能夠快速且有效地進行複製，複製出越多的人才，就能構建出越完整越堅強的管道，只有複製出更多的獨立人才，才能讓我們進入財富的快車道。

為了達到倍增，我們一定要了解達成倍增的核心關鍵「複製」。如果能夠讓你的團隊成員通過團隊和系統複製成功的定位、心態、技巧、能力、習慣以及銷售額，你的成功就可以成倍地增長。事實上，任何直銷團隊和系統模式的構建，就是要讓所有不同經濟實力、教育背景、個人條件、工作經歷或年齡的對象都能有效地跟隨與複製。

什麼是複製？有的人說跟老師做一樣的事，有的人說是學、做、教？這些都是很好的答案，但並不完全能夠表達。

「複製」有兩個含義：第一個意思是「學習」，也就是你要透過觀察、了解、實作，保留能夠創造結果的想法與做法、避免那些不能創造結果的。第二個意思是「傳授」，把能夠創造結果的想法、做法、工具，交給你的團隊夥伴，減少失敗，快速創造結果。

你想知道一個負債千萬的窮屌絲如何成為億萬富翁的嗎？

你想知道如何用一支手機做出全球市場？讓各地的財富自動流進來嗎？

你想知道一名內向害羞的宅男如何站上千人的舞台培養出上千位講師嗎？

接下來的內容是由日入萬元系統的翁承旭翁總與我們分享如何透過「複製」，為公司創造上億的營收？又是如何以先富帶後富，最終幫助數十萬人日入萬元達到共同富裕的？

貧富落差起源自思維的落差

你知道嗎？你現在正在複製億萬富翁的腦袋！你是你重複不斷思考的結果！

你剛出生就會講話嗎？就具備你現在的思考判斷方式嗎？生活習慣嗎？不是！那是從哪裡學來的？家庭、學校、朋友！對嗎？換句話說：因為過去我們複製父母、老師、朋友給的思維，而創造了現在的人生，創造現在的收入！

有研究指出，我們的財富是和身邊最常溝通的五個人的平均值，說白了就是物以類聚！你知道嗎？一個動作重複七次會成為習慣，重複二十一次進入潛意識，重複聽跟重複說就是複製的關鍵，你是否發現平時我們在聽和說的語言，可以說就是一個輸入潛意識的過程！

如果你想要有個不同的人生結果，那麼就要接受有你想要結果的人的思維，那個思維方式會和你現在想的一樣嗎？肯定不同！有本叫做《有錢人跟你想的不一樣》的書中說到：信念創造行動，行動造就結果！要改變結果先要改變信念！改變的過程你會感覺不習慣、不舒服，就像是要你換隻手寫字一樣，但是堅持下去，你會發現你要的結果會逐漸出現，如果你能持續練習到像呼吸一樣自然，那麼你的財富就會像自來水一樣出現。

接下來我將要求你做一些動作，說一些話，這些都是世界級大師教的方式，一開始你可能會覺得那是瘋子行徑，那很正常，但是你什麼時候能夠自然地去做、去說，甚至教會團隊一起做，你就離億萬富翁越來越近！現在說：「我要發了！我感覺我要發了！」心想事成說的就是——「你將成為你重複不斷思考的結果」，你能想像嗎？我從一開始發展事業時，見到工作夥伴我就會對他說：「我們要發了！你覺得我們要發了嗎？」夥伴一定會回答：「有，我覺得我們馬上要發了！」你能想像嗎？透過在網路以及大量的分享，果然心想事成！許多人陸陸續續開始找上門，收入也是每天都在不斷增加！

現在請你再說一次：我要發了！你有沒有感覺自己要發了？摸摸自己的腦袋說：這是億萬富翁的腦袋！

向有結果的先富者學習成功動作

首先，複製我們這邊談到的「複製」是為了達到倍增的目的，因此，偏離目的的就不是我們要複製的東西。例如：個人魅力，領導風格等，畢竟每個人的個性與能力背景不同，把每個人都變成一模一樣，那是不合人性與常理的。

那要複製什麼呢？首先我們要複製的是行業中成功的關鍵資料！財富自由來自於建構系統打造團隊！想一想我們所提供的價值是什麼？我們獨一無二的優勢是什麼？要達到團隊倍增需要學哪些東西？教哪些東西？怎麼教才有效？

一直銷售可以賺小錢，不過要非常賺錢必須要複製系統，因為我們要做的是企業家，而不是一直做銷售員，也就是做連鎖加盟總部在做的事情──「招商」以及「培訓」兩件事。

招商是在做什麼？簡單說就是「找到想賺錢的人」；培訓是要做什麼？簡單說就是「教會加盟商如何招商」。所以首先要很清楚我們要學的就是「招商還有培訓」。那培訓什麼？「培訓招商」，來講一遍，「招商培訓，培訓招商」，摸摸自己的腦袋說：這是億萬富翁的腦袋！

你知道嗎？進入這個行業的人，有80%不知道這個「招商培訓，培訓招商」的關鍵，所以一直辛苦地賣產品，最後覺得太辛苦了而選擇放棄！

那如果有人只想買產品呢？當然就順便賣給他啊！但是我們要很

清楚，我們的核心目標是在「招商」，如果對方只想消費不想經營呢？那就讓他當個快樂的消費者，千萬不要把我們的期待套在別人身上，讓雙方都痛苦。也許過一陣子，當他有賺錢的需求，願意接受「培訓」，那時你也幫他存了一個大區市場，也很對得起朋友了，不是嗎？

所以，前期會有很多先體驗產品的人，支持你的人會讓你的收入快速提高，你要把握機會每天分享收入截圖，這個動作能幫你有效「招商」，找到有興趣賺錢的經營者，也有可能會刺激消費者變成經營者，所以「招商」的過程中，更重要的是看到多少人願意跟著你一起學習與行動。要知道就算是只有一個經營者，也可能會創造出無限的市場，因為所有發展到全世界的市場全部跟你有關，對吧？這些經營者只要有心發展，都是你核心的事業夥伴、你創造持續收入的關鍵。因此，你只需要專注地向下找到有渴望、有企圖心、有承諾的經營者，「培訓」他、幫助他在最快時間內賺到錢，進入複製系統的「培訓」流程，學習自動運作，你就會有「全球的持續性被動性」的收入了！

想像一下，當你從幾個、然後幾十個、幾百個、幾千個、幾萬個加盟商在全世界運用系統「招商培訓，培訓招商」的時候，你的收入將會是多少？那時候你想停都停不下來！我一天五百萬的收入就是這樣來的，再摸摸自己的腦袋說：這是億萬富翁的腦袋！說：我真的要發了！

「招商」的核心工作是：引發賺錢的動機，也就是學習這門生意的意願，有的人是從產品開始想經營、有的人是從想賺錢開始用產品，這都沒關係！

關鍵是當我們分享什麼結果，就會吸引什麼樣的人！你分享收入就吸引想賺錢的人，分享產品就吸引想變瘦、變美、變年輕的人！

「注意力等於財富，所有的財富都會流向有注意力的地方」透過分享產品＋收入見證，有結果的圖片和影片就能幫助你吸引感興趣的人，當你了解他的需求，讓對方相信你能夠給他想要的價值，就會「成交」。當他交付金錢給你的時候，就是你幫助他獲得財富的開始，成交是一個承諾，有了承諾你才能幫助他，所以你敢收錢嗎？為什麼別人要交錢給你？他將會得到哪些價值？多大的價值？如果你不告訴他把錢交給你，他能得到這些價值嗎？不行，所以你必須確認這些價值是不是他想要的，不是就換下一個！

這個世界上不是每個人都想要有錢或變年輕的！不然，到餐廳誰給你服務呢？對吧～我們是能夠帶給別人財富的財神爺，但是要有符合條件的人才能接住這份財富！什麼條件？有滿滿的渴望，你喜歡錢，錢才會喜歡你，你不理財，財也不理你！願意分享、願意幫助人的人，分享健康、分享億萬富翁的智慧、分享價值分享幸福，願意在一路上幫助別人克服恐懼與困難達到結果的人，才能獲得最大的財富！

再摸摸自己的腦袋說：「這是億萬富翁的腦袋！」再摸摸自己的心說：「我是一個有愛、樂於分享、幫助別人的有錢人！」

當你成功「招商」找到經營者，確認他想要賺錢，就要帶他到日入萬元系統的團體中接受「培訓」、陪他學習日入萬元系統的新人培訓並且完成功課，讓他擁有系統的書籍、報導影片、圖片，讓他正確且大量地使用產品，讓他變年輕變健康，並且拍照量身做檢測報告，這些將會是他簡單賺錢的工具！每天帶著他複製貼上學習「招商」的流程，一開始你協助他在線上或線下「招商」幫助他回本，同時「培訓」他學會「招商」的流程，過程中要持續不斷地複製成功者的心態、聽成功的故事，不然很可能會遇到問題，有可能過去貧窮的思維會再度萌發，讓新加入夥伴開始沒自信想逃避、抗拒、自責、想繞過問題抄捷徑、懶惰依賴等壞習性出現，這些都是正常的，畢竟過去幾十年他們都是用這些想法與行為創造出了一個不想要的人生，不是嗎？

財富心靈教練宥忻老師說：人犯錯很正常，重要的是接下來怎麼做！人生不是得到就是學到，你要能夠「面對」看你的想法跟做法能不能達到你最終想要的結果。每天總結出自己如何創造不要的結果，你就可以知道如何去創造想要的結果！「面對」調整然後繼續行動到得到你要的結果為止！

我們沒有興趣去評估你是好人還是壞人、用做得好或不好去嘲笑你，而是會關注在你能否達成當初對彼此的承諾，拿到結果！在這條路上，有八成的人因為無法「面對」失敗或「面對」夥伴的失敗而放棄！其實，人生要面對的事情是一樣多的，同樣的問題一樣會在生命中出現，沒有改變面對的方法，想要的結果都不會出現，但面對需要勇氣，也會有點不舒服！

問問自己：是要快速學會如何面對，用一年翻轉人生，還是要慢慢地拖二十年？聽懂的人，將會省下十年以上的光陰，這些時間至少價值一千萬！

複製的本體決定團隊的品質

複製是倍增的關鍵，兩者之間存在什麼樣的關係？

一個健康的幹細胞，複製出來的細胞會組成一個健康的身體，一個癌細胞複製出來的結果可能摧毀一整個生命。因此複製讓自己成為標竿，去除團隊中的負面思維是倍增團隊至關重要的關鍵！

多少人沒有複製這個思維，因此讓自己變成沒有領導力的人，一味地服務客戶只會變成一名服務員，而不是被人們追隨的領袖，只能四處奔波又沒什麼成效！

看到散播負面訊息或沒有品格的成員時，如果沒有能力轉化或隔離，就會讓消極、抱怨的錯誤行為在團隊中擴散，導致團隊潰不成軍！你做的所有事都會加倍地複製在你的團隊之中，你抱怨，夥伴就會複製更多的抱怨給你，讓你的生活周遭充滿抱怨之聲。

想像一下那是什麼感覺？如果叫老師請吃飯，所有的夥伴複製就讓你請吃飯！你想要請一個老師吃飯，夥伴各個請你吃飯？還是讓一個老師請你吃飯，夥伴各個要你請吃飯？就是這個道理。

你知道宥忻老師到各地分享從來不會要夥伴請吃飯，夥伴發來幾千上萬的紅包一個不收，宥忻老師說：「我來是幫你們發展的，我想要看到的是你們個個拿結果，要請也是要是財神爺等級才能請！」所以「不能複製的事我們要做嗎？不能」！

你知道嗎？如果有人是不斷抱怨、態度惡劣，不是在溝通解決問題，這時候讓他趕緊走，把不對的人送到別人的陣營去，癌細胞可以送出去，是不是太棒了！聽懂這件事的你，已經現賺一千萬了！

 用工具向源頭複製

複製就像細胞分裂一樣，但最後長成老鼠還是大象是由基因決定的！

你複製出來的團隊是「弱雞」還是「洛基」？由複製什麼等級的思維決定！「學習很重要，跟誰學更重要！教練的級數決定選手的表現！」你模仿的對象就是你的未來！

複製最危險的部分就是隨著距離以及時間，後面的參與者複製的思維已經被加入無數的其他東西或缺少某些關鍵！

學習642的核心精神，就是要把最棒的標竿做成工具來學習，透過億萬富翁老師錄的眾多視頻、音頻、書籍來幫助我們向源頭複製，因為複製就是要複製成功者的「信念、策略以及行動」，當你能夠「持續使用」這些工具，並且讓你的夥伴／新加盟商也使用這些工具持續

「直接複製億萬富翁」的想法，聽懂這個關鍵的你就會用系統把你的夥伴都換上億萬富翁的思維，那你就能夠很輕易地帶動你的團隊前進，達到結果！

複製要一鼓作氣保持動勢

前文古希臘哲學家、數學家阿基米德有一次與國王下棋的故事，讓我們明白了倍增的力量。一名富翁臨終前給兩個兒子創業資金，小兒子用倍增的方式得到的是上億的資金，第一天1兩、第二天2兩、第三天4兩……第十天是512兩，二十天是52萬兩，三十天五億三千萬兩，總計十億七千多萬兩……，請問你發現什麼？在倍增當中一開始快還是慢？很慢對嗎？一直到二十一天才累積到一百萬兩，從二十一天開始每一次的倍增都是不可思議的數字，對嗎？

關鍵來了！在這個行業當中，80%的人都會在第十天放棄，或者第二十天就覺得自己很厲害了！去放假退休，也有的想乾脆換一個平台或自己弄一個平台來做一號！

請問這樣的選擇會發生什麼事？歸零，一切重新開始。所以，即將開始成為億萬富翁的你，有一句重要的關鍵必須掌握，那就是「一鼓作氣輕鬆容易，走走停停容易歸零」，飛機起跑一開始的啟動與助跑是最耗能量的，不過一旦起飛，只需要一點點能量維持動勢，非常輕鬆！所以要持續地讓自己保持狀態帶團隊跟系統！

值得提醒的是，在複製倍增的路上跟唐僧去西天取經一樣，一定會有大大小小不同的挑戰及誘惑出現，想像一下如果你的注意力被這些問題與誘惑轉移而停下複製的腳步，每個人都停下來、業績收入也會停下來，你想要在重新帶動起整個團隊的動勢就要花費加倍的能量，你能想像飛機起飛到一半熄火嗎？如果要換平台的就是要先經歷垂直的回到地面！那又是什麼畫面？超恐怖的！對嗎？

有的人在這裡得到小小的成績後，遇到了些許的挑戰卻沒有能力去面對，就想換平台開始在群裡或私下拉人，聽懂這個重點的絕對不會被影響，沒聽懂的就會有想法了！卻不知道一個不懂倍增關鍵的人能帶他到哪裡去？肯定是死路一條；還有更傻的是賺到一點點錢又把錢投到資金盤裡去的，完全不懂「財富來自價值的交換」這個原理，不但自己被坑還帶人一起去跳，我可以明確地說資金盤那些沒有產品交換的有百分之九十九點九就是坑，把自己的身家和信用投在這裡就是傻，相信很多人都傻過，不是交了學費至少學到東西，如果第二次、第三次還在投那就是大傻瓜，代表他的信念中就是想投機搞賭博，想著哪一天可以中頭彩！這種人你要特別防範他，有出現抱怨跡象就趕緊協助並輔導他面對調整，若他還是執迷不悟就讓他早點走，以免影響整個團隊。

 複製要簡單，簡單決定複製的速度

現在請試算一下，一天複製一次，兩天複製一次，三天複製一次

有什麼差別！三十天後將會相差多少倍？

★ 一天複製一次的第三十天是五億三千萬（1x2x2.....30次）

★ 兩天複製一次的第三十天是一萬六（1x2x2....15次）

★ 三天複製一次的第三十天是512（1x2x2....10次）

發現了嗎？如果你把複製流程變複雜了！複製的速度就會變慢許多！所以簡單有效是系統複製的關鍵！

你不需要花錢、費力去創建系統，那不是複製的重點，你要做的是使用系統，系統本來就是為你存在的！當你完全掌握使用系統的精髓創造結果出來，你就是系統的標竿，你也會是系統的核心創始人！

642系統與翁總的日入萬元系統把所有的東西變成工具，你只要複製貼上、拿出書籍報導證明就省下說明的時間，這就是用系統工具複製的優勢，越會使用工具的團隊就能越快速佔領市場！

複製老闆心態與巔峰狀態

很多人複製外在的技巧話術，卻沒有複製興奮的狀態與老闆的心態，會嚴重進入口是心非的誤區！分享是來自於對價值的認同與感動，是想把好的價值提供給需要的人，所以自己本身有沒有感覺到真的賺到了？還有對方有沒有想要健康與財富自由？對他的幫助是什麼？當可以幫助別人又可以幫助自己的時候你有沒有感覺很興奮！宥忻老師在一開始每天半夜三點還在問我打電話問夥伴，你有沒有覺得要發了？我真的覺得要發了！所有人每天收入截圖發群，電話分享興奮的感覺，整個團隊瘋狂興奮，拿起電話第一句話就是：發了！發了！。通話的結尾往往就是：瘋了！瘋了！這就是「巔峰狀態」，「要成功，先發瘋」這個世界不是你影響別人，就是別人在影響你！成交最重要的就是價值與狀態，高能量影響低能量，當身邊的人覺得你瘋了，就代表你成功吸引到他們的注意力！你更要持續的分享創造出結果，讓他們看到你每一天收入的變化，快速篩選百人名單你就會找到第一批團隊！

有一種人在分享的時候心裡惦記著自己能賺多少，或擔心對方覺得我賺他的錢等等！處在一種患得患失的情況，很在意對方的反應，對方沒有馬上同意或提出異議問題，他的心情就高高低低想東想西，是不是覺得對方不相信我？或是一直解釋一直講一直講？你有沒遇過這種人？感覺怎樣？很煩對嗎？我們說這是「借兩萬」的心態，對方都是感覺得到的！各位，你要知道如果不知道這個年輕十歲日入萬元的機會，你是他的財神爺，遇到你的人就要發了！這是給「五十萬」的心態！你知道嗎？沒聽懂他的損失將會是多巨大？他的家庭將會面臨多大的健康風險。

當他決定要一起學習系統，你還要陪伴他一整年甚至三年、五年！他交的錢是代表對這件事的承諾，沒有承諾，他的心態就難以建立！怕別人賺的人，自己也怕別人覺得你賺他，所以難收錢！用降價銷售

或退獎金成交的人，那是認為自己沒價值的，這種行為複製下去會破壞市場，讓夥伴都賺不到錢，也就沒有人想提供服務，原因就是缺乏正確的心態，覺得自己沒價值無法面對所產生的行為！有的人很生氣，但是你反過來想，當他這樣做的時候複製的想法、做法最後會創造一群賺不到錢的難民，整天擔心被舉報讓公司查封號，不但浪費寶貴的時間還揹上無數的罵名，這個結局已經夠慘了！我們還是把焦點放回自己的團隊上，讓他們複製正確的思維，我們的時間寶貴，趕緊讓自己團隊興盛繁榮才有意義，不是嗎！？

複製老闆的心態

一個老闆他每天睜開眼就是要面對店租、人事管銷、產品客服等，老闆永遠是最早來最晚走的那一個，所有的問題都是他要解決的問題，不管是開銷或是什麼產品客戶抱怨都要處理，如果沒收錢就是虧損問題解決不了就是倒閉！願意承擔所有成敗責任的人就是老闆，這也是成功企業家值得尊敬的地方。

你知道你一開始就拿到公司最高的利潤嗎？因為你就是老闆，公司幫你送貨算獎金，系統提供有經驗的老師，各種工具給你創造團隊、帶領團隊培訓團隊，你要對這些協助你創業的人報以什麼樣的態度？你是否能夠尊重你的老師？愛護你的夥伴？保護你的公司？擁有整個系統？你能用出多少分的價值取決於你能多「擁有」這一切！什麼叫「擁有」？就是你會很瞭解他的組成，他是如何運作的？你需要如何有效良好地與他們溝通來幫你創造結果？你會把他當做你的車子一樣保養維護，解決問題讓他可以長久的正常運作！這就是擁有！

你知道嗎？從一開始我設定幫助一億人健康的目標，一天講三場招商會、到世界各地招商與培訓，我們投資在系統上的時間與費用超過千萬，每天想的是我還可以提供什麼？怎麼樣可以讓平凡人成功？對於公司遇到所有的挑戰，也都是責無旁貸全力協助，更別說用心培育夥伴的能力，解決夥伴的問題到半夜三更，我們深深地知道夥伴不會聽你說什麼，他們看你做的是什麼？就像在最困難的時候，總裁說過的：「除非老天要我死了，我絕不會放棄！叫你們失望！」這句話讓我深深感動！

當你可以把多大的範圍看成是你的責任，你的能力跟你的財富就能有多大的成長！因此，你願意投入多少時間？你願意提供多少資源？你願意學習多少？解決多少問題？就跟你的收入成正比！摸摸自己的腦袋說：這是億萬富翁的腦袋！我就是老闆啊！

「複製」是倍增的關鍵，學習與傳授，不斷地招商培訓、培訓招商，運用工具複製億萬富翁的「信念策略與技巧」狀態與老闆的心態，簡單快速大量持續不斷的面對問題解決問題，當你通過複製把自己培養成這個生意的專家後，你也同時可以運用這套模式複製出更多跟你一樣的行業專家，就能開創一個超乎你所能想像的消費網絡和銷售團隊，你的收入就會持續增加，成為億萬富翁！

每日七件事

直銷是自由業，沒有人規定一定該做什麼事，完全是自動自發的，但人都有惰性，很容易產生怠惰，你的成就由你每天所做的事決定。所以，一個成功的事業家必須懂得自我激勵與自我學習。

642系統要求的每日七件事情，目的在於透過做這些事讓你可以隨時保持動力，不致一時疏懶，促成你在事業成功的七大行動。642系統的影音視頻與音頻都非常完整，從經驗傳承，激勵、技巧、產品、體系、深度、系統運作know-how、進階等都很有次序地分門別類，讓參與者能在很短的時間便進入情況，開始學習、成長與加強心態時，再配合系統實務的運作，「複製」就在不知不覺中開始了。

1. 看視頻、聽錄音

2. 閱讀學習

3. 參加上線的集會

4. 使用產品

5. 主動與上線保持聯繫

6. 零售產品

7. 自我反省、自我激勵

每日七件事

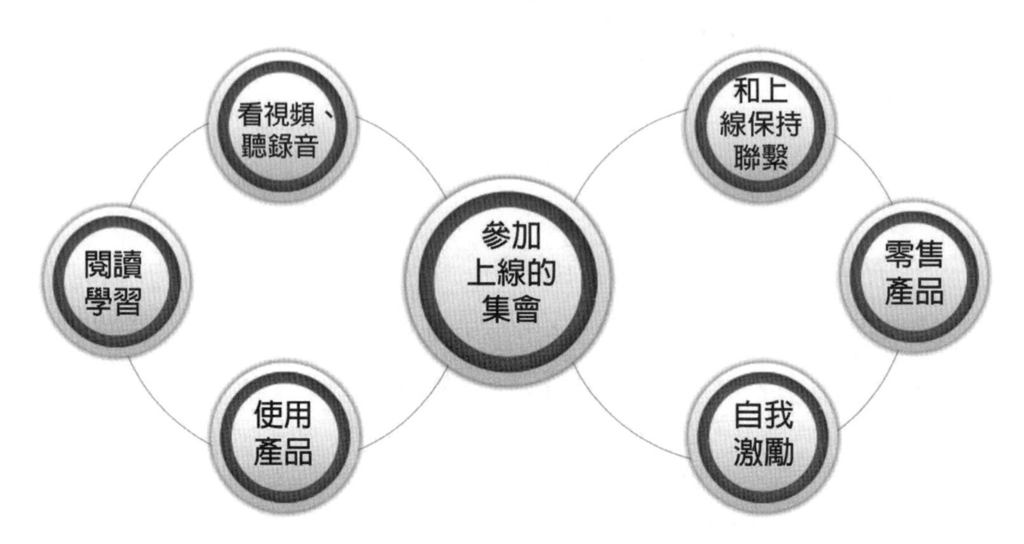

1 看視頻、聽錄音

每天看或聽個二、三十分鐘，內容包含產品、制度、公司、直銷、激勵影片和視頻，光碟、DVD等。利用早晨起床或開車的時間，聽聽音頻或CD，學習新知或自我激勵都是很棒的！重複聆聽公司和團隊給予的相關數據、光碟和學習工具，快速培養和積累自己的專業知識和能力，並且養成新的成功習慣。

通常一場演講聽完大約一天過後便會忘了個大半，兩天以後，大概就「還」給老師了，所以補救辦法就是要常看視頻或聽錄音來複習。只有多聽數遍，反覆聽，甚至做筆記整理重點，才能變成「自己」的東西。熟能生巧，多聽多看，多讀多講，自然就會流利，且在學這些

知識的同時，也要具備良好的心態，才能吸收得更快，成長得更好。

聽成功人士分享的CD或影音，每天聽鬥志自然會再燃燒起來。持續不斷地聽成功人士的激勵影音，能讓我們隨時保持積極正面的態度。運用語音學習正面思維，最簡單的方式就是「聽熟」每位成功人士積極正面的人生故事、智慧箴言，讓我們在適當的時候能輕易且自然地與夥伴、下線、客戶，分享某個成功人士的做法與說法。

2 閱讀學習

你是否覺得很奇怪，為什麼做組織行銷每個月還要看書？這就是642厲害的地方，它除了會帶線、帶深度以外，還教你如何認識陌生人。642每個月提供夥伴一、二本好書，激勵書，因為做組織行銷，「先有友誼」就可推薦到好人，「友誼」如何來？自然就靠閱讀，因為物以類聚，人以群分，所以如果能讓對方覺得交到你這位朋友「感覺」很好，說話很有料，跟你在一起會得到「東西」，自然能吸引到他們，與他們成為朋友。只有把自己變好了，你才能吸引到「質」好的人來主動靠近你，即使主動靠近你，也不會排斥你的靠近和攀談。現在是「知識領導」的時代，怎麼可以不看書呢？！閱讀，是為了提升自己的內涵，要想吸引他人的注意，讓人對你產生好奇，閱讀是最快速簡便的方法。你想吸引更優秀的人，就要讓自己先變成言之有物的人，說話有內涵，而不是開口閉口都只有賺錢而已。因此你要積極學習這個事業相關的所有知識，自我充電、定期閱讀，就是最好的、利己利人之事！

 3 參加上線或系統的分享會

系統聚會是複製成功模式與凝聚戰鬥力非常重要的方法，「每會必到」才能「每到必會」，參加系統聚會次數最多的一定是最後的贏家。

參加越大的集會，越有助於你對這個事業投注更多的熱情。你來到會場，就能感受到你跟這個事業更融合在一起，還能接觸到一些跟你一樣積極或比你更積極的人，受到他們感染與鼓舞。除此之外，你還可以聽到很多別人的經驗，獲得進步，更重要的是，你可以帶著你想推薦的朋友來參加集會，這種借力是最有效的。

參加自己領導人的聚會是最優先的，642系統出身的他們會每個月固定將分享會的時間優先記錄在行事曆上，你可以事先安排行程，務必爭取「每會必到」，激勵人同時也被激勵。

參加系統的集會亦有多種作用，例加檢查自己的組織人數狀況，

或傳達運作的訊息。集會經常邀請一些專家進行激勵的演說、或是NDO組織內部訓練等，透過演說與內部訓練，檢視自己的方向與準則，是否會與團隊有所偏差，然後再自我修正，才能達到100%完整複製。

反覆參加公司和團隊舉辦的培訓，吸收成功領導人經營事業的寶貴經驗，避免我們繞彎路以及掉入誤區。「每會必到」、「每到必會」、「每會必帶人」，用心以踏實、務實的做法去落實，將持續吸引一些有特質的人進來。

4 使用產品

很多直銷人總說自己的產品有多好，但卻講得不夠明確，自己也沒用過，誇誇其談，這是錯誤的行為。銷售，最忌諱用虛構的經驗去推廣產品，要分享產品，當然要先使用產品，才能真正體會產品的特色與效用，當你實際使用過，你更能用真實的感覺，去推廣產品。

顧客知道你自己也是這個產品的愛用者，這會令他對產品更具信心，自用產品，感受到產品作用，才能發自內心分享直銷事業給更多人，獲得健康、財富、快樂；同時也可學習到產品的展示方法及技巧，達到「不銷而銷」的至高行銷境界。

5 與上線常保聯絡

在遇到問題或挫折的時候，主動和你的直系上線聯繫，溝通交流、探討，尋得根本問題的解答方法。保持與上級密切互動，可以讓你的上線更清楚瞭解你的需求，而你也能及時從他那裡獲得方法和指導，成功往往是因為有一個好的教練，讓你事半功倍。而上線領導的工作重點，就是盡力輔導、常主動連絡下線，好的資訊往下傳，問題與負面消息往上報。

會主動聯繫的下線就是有心人，也就是上線可以重點輔導的對象，所以642上下線的聯繫非常緊密，有時傳達一件事情，一下子全體夥伴馬上全被告知了，動員的力量相當大，他們提到作為推薦人有四個責任—他必須肯學習的、重視與上線的聯繫、好的資料往下傳並且會尋找問題並解決問題。

 6 零售產品

零售產品，是直銷的開始，向一位朋友推銷你公司的產品，學會介紹產品，並做產品體驗，透過跟朋友推薦，學會簡單的產品介紹，並分享事業機會、簡單講解OPP，學會一對一或一對多的銷售方法，在這個過程當中，大量累積你的經驗與人脈。

盡可能地建立十五至三十個重複消費的零售客戶，踏實地做好服務及追蹤，隨著時間過去，也會累積不少會重複消費的好客戶，主要的零售對象為——

★ 不想經營這個事業的人。

★ 透過別人介紹需要產品的人。

★ 參加集會的人或年齡較長者。

沒有產值的行銷，就是在浪費自己時間跟客戶的時間，也代表自己沒有認真經營事業，所以維持基本的產值，累積一個月，月目標就可以達標。

7. 自我反省、自我激勵

總結與檢討你這一天的行動，檢視自己是否犯了哪些錯誤，多反思自己哪裡做得不足，你的邀約為什麼沒有成功？有沒有需要改進與調整的地方？做得好的地方也要自我肯定，並精益求精，看哪裡可以再做得更好，並做出明日的計畫。每個人都避免不了犯錯誤，如果做不到反省，只會讓自己錯上加錯，所以透過學習不斷地提升自己，相信你的夥伴、客戶會因你的改變而受到感染，因此更信賴你，而願意與你深度合作。

沒有達不到的目標，只有想不到的方法。堅持做好每一件事，注意細節讓你快速進步，超速行動能讓你快速提升和達到自己所要的結果。

以上這七件事就是642系統每日的功課——看了視頻或聽了錄音以後，昨天遭受的挫折感馬上就消失了，有信心重新再出擊；透過閱讀，看了成功人士的奮鬥經歷，立刻又滿血復活；參加642的集會後信心再度燃燒，別人可以，我也一定可以，又能再接再厲；與上線聯繫，自然又充電了，又學到know-how了，上線是如此積極地指導。一個人漸漸習慣這七大動作的每日作業，根本不需要再花冤枉錢去參加外面的高價培訓課。只要把這些功課用心落實了，變成習慣之後，你的事業也就做起來了。

日期	建立 名單	邀約 講計畫	與上級 電話連絡	錄音 做筆記	閱讀 學習	看公司 產品影片	檢討 激勵

零門檻、低成本的微創業

642 Duplication System

羅伯特·清崎推崇的事業

什麼樣的事業讓羅伯特・清崎推崇？

《窮爸爸富爸爸》這本書應該很多人都看過或是聽過。作者羅伯特・T・清崎（Robert T. Kiyosaki）是出生於夏威夷的第四代日裔美國人。1982年，他創辦一家國際教育公司，向全球的學員講授商業和投資課程。1994年，47歲的清崎賣掉自己的公司，實現了財務自由，提早退休。

羅伯特・T・清崎在他的著作《富爸爸商學院》提到：「如果一切都可以重來一遍，我不會創建傳統的企業，我肯定會透過直銷事業來建立自己的收入系統。我雖然沒有直接經由創辦直銷事業而致富，為什麼還要鼓勵大家投身直銷事業呢？正因為我沒有通過創辦直銷事業賺錢，所以我對直銷才能有相對客觀、公正的認識。」

以下總結出書中羅伯特・清崎推崇直銷事業的理由——

★ 直銷是一種全新的、與過去許多模式截然不同的致富管道。

★ 世界上最富有的人總是不斷地建立網絡，而其他人則被教育著去找工作。

★ 直銷向全世界數以億計的人們提供了一個掌握個人生活和財務未來的良機。

★ 一家直銷企業是由你與那些幫助你變得更加富有的人共同組成的。

★ 相對於過去造成貧富不均的各類科層商業模式，直銷業顯得更為公正。

★ 直銷系統，也就是我常常說的「個人特許經營（直銷公司的個人分店）」或「看不見的大商業網絡」，是一種非常民主的財富創造方式。只要有意願、決心和毅力，任何人都可以參與到這個系統中來。

★ 很多直銷公司向數百萬人提供了富爸爸當年給予我的教育，讓人們有機會建立自己的收入系統，而不是為了某個收入系統終生勞累。

★ 無論全職還是業餘，可以說直銷事業都是為那些想進入富人B象限人士所準備的。 直銷事業的價值絕不只是能夠賺很多錢。他是一個充滿愛心、關懷大眾的新型企業模式。

★ 直銷企業是樂於助人者的絕佳選擇。

★ 進入成本較低，又有良好培訓計畫的直銷企業，擁有改變人生的教育培訓體系。

★ 直銷事業是那些渴望學習企業家的實際本領、而不是學習公司高薪中層經理人的技巧所需要的商學院。

★ 直銷公司是真正意義上的商學院，教授大家一些傳統商學院尚未發現的價值，比如，致富的最佳途徑就是讓自己和別人成為企業所有者，而不是成為那些為富人工作的、忠誠又勤勉的員工。

★ 直銷事業本身建立在領導者與普通人共同走向富裕的基礎上，而傳統企業、政府企業的出發點則是讓一小部分的人富裕起來，大量的領薪族則滿足於一筆穩定的薪水。

★ 如果你是喜歡教育、引導別人在不必擊敗競爭對手的前提下尋找他們的致富之路，那麼，直銷事業對你來說也許就再合適不過了。

★ 直銷業鼓勵人們胸懷偉大夢想，並努力實現這些偉大夢想。

★ 直銷事業可以為你提供一大群志趣相投、擁有B象限核心價值觀的朋友，幫助你更快轉型到B象限。

羅伯特・T・清崎跟大多數人一樣，第一次聽到直銷時，也十分質疑，但在他深入了解後，發現直銷事業雖然沒有高不可攀的入學門檻，卻蘊藏足以改變一生的核心價值，相當值得經營。他認為無論全職還是業餘，直銷事業都是為那些想進入B象限的人士而準備的，是可以幫助平凡人致富的商業模式。

一個總是在教導大家如何實踐財務自由的大師是如此大力地推崇直銷，是不是顛覆了以往大眾對於直銷的觀念呢？那你知道嗎？一向只投資傳統產業、日用消費品類企業的股神巴菲特，把目光鎖定在一家直銷公司——「Shaklee嘉康利」這個全美排名第一的天然營養品公司身上。可見巴菲特也是很認同直銷這個商業模式的。

你想知道直銷事業如何能發展成自動賺錢機器嗎？

你嚮往擁有一份被動收入，為你倍增財富嗎？

如果你對直銷不感興趣、不喜歡，甚至是排斥直銷的；如果你過去有過做直銷失敗不愉快的經驗，接下來本書的內容能讓你更了解直銷事業。

了解才有機會，不了解就永遠沒有機會！寧可明明白白地放棄，也不要糊裡糊塗地錯過！本書接下來的內容將教你如何透過分析、比較、評估，來選擇合適自己的直銷事業，真誠地希望您能夠打開心門，真正擁有屬於您自己成功的機會！！

俗話說：不管是黑貓還是白貓，能抓到老鼠的就是好貓。如果直銷選對公司，用對方法，就能實踐財富自由、時間自由。羅伯特・T・清崎大師已經指點了直銷這條康莊大道，渴望改變人生的你還在等什麼呢？

理解直銷這個行業

新聞報導指出，台灣民眾有66.2%的人對現況不滿，認為自己每天忙得團團轉，卻只能勉強溫飽。比起領死薪水的上班族和創業來說，投入直銷事業的門檻及風險都相對來得低。

沒錯，不需要傳統生意的龐大資金、風險管理、技術、人才或景氣等等條件的限制，只要能找到三～五位志同道合的人，就能經營起你的直銷事業。

什麼是直銷？直銷其實就是一種商業模式，一種商家雇用營銷人員，營銷人員直接面對客戶，將商品賣出去並獲取商家中間的利潤&報酬，特性就是不需要有固定的場所，是一種無店鋪銷售的概念。

相對於直銷，傳統生意是由製造商生產產品、廣告商宣傳商品，經由代理商、經銷商進入零售店面，再賣給消費者。這中間層層的人事營運管銷費用、成本，都必須由消費者來負擔，因此一元的產品到了顧客手上，可能要十元才能買到。

直銷事業是公司自己生產優良的產品，再直接把商品賣給消費者，省去中間商及廣告的層層費用。消費者可以透過口碑相傳，發展組織通路，經營出龐大的業績；直銷公司可以將節省下來的利潤和龐大的管銷費用分享給消費者。

直銷商可以自己使用自家產品，甚至還可以自己賣、自己賺，因為建立、管理、招募及訓練銷售組織，直銷商能獲得零售利潤、業績獎金、領導獎金及其它實質的表揚與獎勵，其收入及階銜不受限制，完全視自己努力的程度而定，創造出「公司」、「直銷商」與「消費者」三贏的局面。

直銷就是賣東西的一種途徑，他們在建構一個龐大的消費網絡讓客戶——

1. 持續回購他們的產品。

2. 希望最終也成為他們的業務。

這種商業模式又細分成兩種：

★ **單層式直銷**（Single Level Marketing），是指銷售員的收入，主要來自於其個人銷售的貨品至終端消費者所獲得的零售利潤。

★ **多層次直銷**（Multi-Level Marketing）就是我們常見的直銷，和單層次相比，主要是差在直銷商賺取的除了賣給終端消費者中間的零售利潤外，還包含旗下所建構出來的人脈網絡（銷售網絡）產出業績後一定比例的獎金。

做直銷的三個層次

1. 單純做直銷，只銷售產品（很勤奮地跑單，但賺不到大錢）。

2. 賣機會，當一門生意來經營，運氣好可以賺到可觀的收入，但不太穩定，很難持續成功。

3. 懂得運作系統，打造團隊。總收益能達千萬以上。

你想成為哪種層次的人，就決定你的收入有多少、你能成就多少夢想！

直銷是多層次經營，人脈越廣，下線越多，每月累積的獎金就更多，當然越做越輕鬆。做直銷沒有捷徑，關鍵在於你必須對人感興趣，因為你的收入全得看你拓展了多少人脈圈，而且這些人脈都是被你的人格特質吸引，因此願意成為你的客戶或是下線。換句話說，與人交往的經驗值累積越多，你就越容易培養更多的忠誠客戶與下線，當然收入也就節節升高。

直銷的好處比你想像得多

越來越多的人對自己的收入不滿意，總想找個什麼兼職的機會，不管是投資房地產、股票、基金、夾娃娃機、當網紅直播主或YouTuber、網路電商……琳琅滿目！其中有一項賺錢方式就是多數人會抗拒、卻門檻極低的「直銷」！相信大家都曾有過朋友和你分享新商機、邀去聽OPP或是喝咖啡（ABC法則）的經驗吧！

直銷模式存在的意義，就是給一般大眾的生活帶來更多可能。對於直銷從業者和觀望者來說，直銷帶來的是一種全新的事業體驗。

在直銷行業中，不問背景，不看學歷，只看你的信心和決心，你自己就是自己的老闆。一開始收入雖少，但每一筆收入都是一次累積的過程，它會隨著時間及成果的累積不斷發揮出更大的力量，只要全力以赴、持續做，就能輕鬆致富，暢享自由人生，是無數普通人發家致富，實現夢想的選擇。

《有錢人想的和你不一樣》的作者哈福・艾克（T. Harv Eker）在書中提到，有錢人都是根據自己的成果領取報酬，所以有錢人會找一個與自己努力成正比的賺錢方法，而「直銷」正是這種被動收入裡面的一種。

直銷的確能建立被動收入，但如果你想快速致富，那你要失望了。因為「被動收入」的特點是：成功之前要花時間做功課研究及學習，等成功之後只要花相對於較少的時間維護就可以賺錢，但絕對不是「不用工作錢就會自動進來」！所以，直銷是絕對需要大量的前期經營與累積，到最後你花費的時間會減少，但收入卻會不斷增加。

做直銷，對你而言是將消費者、經營者、投資者三種角色合一，透過消費產品達到一種創業需求，不用擔心資本積壓生意虧空，你所需要花費的只是時間和精力，用心學習產品知識，提升專業技巧，這樣，你就具備更強的團隊打造能力，而團隊的成功就是你最大的成功。以下統整了直銷的好處：

風險最低的創業模式！

若是傳統創業開店或開公司，你可能要花費數十萬或數百萬創業，你要負擔各式各樣的開銷，如房租、人事、研發、通路、物流……等支出與成本，傳統行業的創業成本非常龐大，而發展「直銷事業」的創業成本極低，能為你省下這些費用，也就是說做直銷能讓你以較低的資金建立自己的事業，依據不同的直銷企業，從幾千到幾萬的都有，有些甚至只要入會費就可以啟動了。

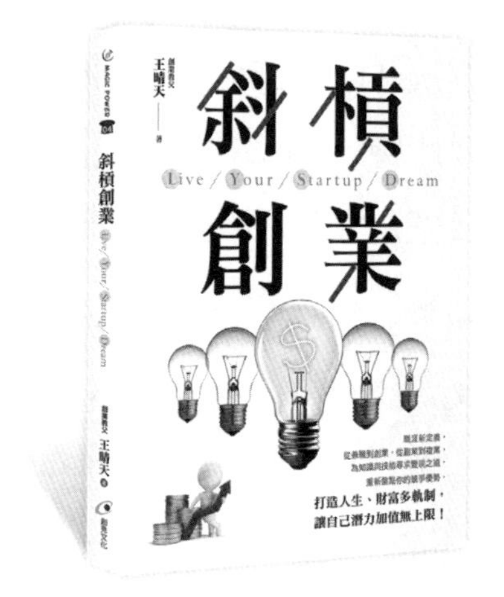

加入直銷公司的那一刻，就開始做生意了

一般來說，當你開始創業的前幾個月，甚至幾年，都還是處在發展關係、尋找可靠的供應商、測試行銷計畫等培養期，直銷則不然。一旦你找到合適的公司，一切都是現成可用的供應商、行銷計畫、培訓，不管什麼都有。從你加入的第一天就可以開始找客戶、做生意了。

建立自己的資產，創造自己的財富

如果你曾接觸過一些財務觀念或上過類似的課程，你會發現有錢人都是把時間花在建立自己的系統，花在累積自己的資產，並且透過這些資產持續地帶來收入。相較於每天上班八個小時或者更多，累死累活都是在替老闆累積資產、為別人打工，而自己也只獲得有限的收入，直銷這個事業可以很輕易地開始為自己累積資產，建立屬於你自己的系統，創造屬於自己的財富——不論是有形的還是虛擬的。

倍增的薪資結構

據統計台灣薪資成長率每年平均在3.5%，假設你現在的月薪是4萬元，那平均你一年後薪資會增加1400元！照這樣的成長率，需要約二十年以上才能讓自己的薪水翻倍。

但如果是從事直銷事業，使用「正確」的方法，一年內讓自己的薪水加倍，是非常有機會的。而且，這只是一個起始點而已，依據你日後努力的程度不同、你持續做多少年，你的薪資可能得到三倍、十倍，百倍甚至更高倍數的成長。

建立永續的被動收入

一般人對直銷的印象是銷售商品賺取佣金，很少能說出直銷的完整全貌，直銷業之所以迷人，是因為直銷可以創造永續的被動收入。

最難賺的錢是用時間賺來的。不論你是每月領25K的薪水族，還是按時間收費賺錢，都是拿時間換錢。傳統的一般工作或行業，想要賺更多的錢就要花更多時間，用時間和勞力來換取金錢。但是每個人一天只有二十四小時，一輩子的工作時間有限，如果只用時間換取金錢，很難達到理想中的富足生活。而直銷就不一樣了，直銷企業通常都會有各自的制度，隨著你投入時間及自身的成長你會經由制度得到一份收入，這份收入會因為你前面的努力而持續增加，慢慢地到最後，你會發現投入的時間變少了，但收入卻還是不斷增加，這便是「系統」的作用。

致富的關鍵是讓錢一天二十四小時都奔向你，而不用你整天辛勤地工作。在直銷事業，當你建立客戶群時，不僅透過自己的努力賺錢，更透過幫助別人創業而從他們的成果中賺錢。

優異的產品

直銷公司將不必要的廣告費支出省下，所以能製造出品質非常優異的產品。在市面上我們不太容易看到直銷公司的產品，因為直銷公司的產品不論是生活用品或是保健食品，都是由特定的廠商或是生產線製造，而且公司會對產品品質嚴格把關。這些產品通常是生活用品，所以在代理這些產品的同時，我們的生活品質也能很快得到提升。

不必單打獨鬥，讓你更專注

做直銷不用去煩惱傳統事業那些令人頭痛的事情，那些研發、行銷、物流、APP、法規、應收帳款、店面的事情都不會煩惱到你，如果你選對公司，甚至可以同時做幾十個國家的生意，不用去煩惱金流跟物流。你不用花費大量時間、金錢去上輔導課程、參加企業診斷、聽行銷學課程，事事都要靠自己去找支援、找答案。因為當你加入一家頂尖的直銷公司，他們會提供整套訓練計畫，如在家學習的課程、大量影音視頻分享，以及培訓與激勵講座。你只需要專注在體驗產品，並且用正確有效的方式專注在這個事業上。

在直銷中，業績都是一個團隊一起去創造出來的，不是單靠你一個人去完成的，所以你在和你的團隊一起打拼的時候，你會發現很多你在其他行業裡不可能發現的現象。比如，當你遇到困難時，只要你發出求救信號，就會有很多人伸出援助之手幫助你、輔導你怎麼去解決問題，走出困境。在直銷這個平台中，大家互幫互助，而且只有幫助更多的人成功，才能取得更大的成功！

 個人成長

直銷人員是直銷行業發展的原動力，直銷人員的知識水平，能力大小都是取決直銷行業是否能繼續長遠發展下去的重要因素。所以有人說直銷業是最好的商學院及個人成長課程，因為你會在這裡學到在這個行業最好的知識跟技能，現今許多直銷公司都有培訓課程可以上，這些課程包含銷售、溝通、組織、目標設定及心靈成長等。因此只有直銷夥伴積極參加每一次的培訓和會議，才能提升素質，提高價值，從而跟上整個隊伍的發展速度。

你可以在這些課程中學到很多，同時也可以將這些技巧運用到直銷以外的領域中，例如你工作的職場，或是自己的品牌、公司等等。你會在實作中學習，個人成長大概是你進入這個行業收穫到最好的一個禮物。

直銷工作幾乎每天都有挑戰，當你在看到身邊的人都在做這份勇於挑戰自我，戰勝自我的工作時，你就會感覺到他們在這項工作中找到了自我，真正體現了人生的自我價值。

結識新的朋友圈，拓展人脈

你可能還沒意識到：許多你現在交往的人都代表著你的過去。你可能有一大群五年、十年甚至二十年前就認識的朋友。通常人一旦上了年紀，就不太容易、也沒有動力去交新朋友。直銷的魅力在於你能加入一群興趣相近、夢想改變現狀的人，使你感覺自己不斷在進入一個新朋友的世界。

在一個直銷團隊中你會發現有各種行業的人，從一般的職員到某大公司的老闆都有可能出現在團隊中，這些人在你生活圈中是本來幾乎不會遇到的，在團隊以外也許你們會有不同的合作機會。

在這個行業你會遇到非常棒的人脈，很多很棒的想法、願意為改變而付出的志同道合的朋友們。

可自行安排規劃時間

直銷是一種事業，不是一份職業。不需要朝九晚五，也不需要定時打卡。對那些尋求在生活與增加收入間平衡的女性、家庭和兼職者更具吸引力。你可以自己決定要付出多少時間、工作要多賣力、想賺多少錢，一切都由你來安排，你可以透過直銷創造自己希望的生活。直銷事業就是倡導在這種放鬆、自在的環境中，培養興趣，激發潛能。而且直銷的魅力在於，如果你在這個事業中取得成功並享受其中的樂趣，沒人能逼你從這一行退休。你無需擔心因為裁員，或因工作被外派到外地或國外而被迫退休。你能一直做，做到你自己不想做為止。通常直銷也是那些退休人士最喜愛的工作之一呢！

此外，建議你最好別放棄現有的工作，除非你的直銷收入已經大大超過你的正職收入，這個建議適用於任何你想要開創的新事業。

是幫助人的事業

直銷的精髓在於：「你在幫助他人成功時，自己也獲得了成功」。都說直銷是一份靠分享的事業，懂得分享的人就能把直銷做得更好。直銷可能是最基本的「人」的業務，是需要你與他人互相幫助——不僅和客戶也包括同事，他們是你輔導的人和輔導你的人。能使你成功的是你幫助他人的念頭。

你要明白，你是在幫助別人，而不是一味地推銷產品，你需要將你使用產品之後得到的改變分享出去，你要將這份事業的優勢講解給別人聽，一個懂得分享事業、分享產品的直銷人一定會把事業做得越來越好！你可以說「我讓別人享受公司產品的同時，也為他人送去了一份收入頗豐的職業」。當你用自己的專業、能力、技巧服務於他人，幫助他人獲得了成功，同時自己也獲得了豐厚的經濟效益，利人利己，何樂而不為？

選對戰場，你的成功才會毫不費力

做直銷的，一定經常會聽到「選擇不對，努力白費」、「英雄選擇戰場」、「跟對團隊，讓你上天堂」……等。說明找對平台很重要，平台的規模與真正可以累積組織是關鍵，你只有把自己放對了地方，才會產生好的結果。想一想，一個人騎腳踏車，努力騎1小時只能跑10公里左右；若是開車，1小時能夠跑100公里左右，坐高鐵或是飛機那就能跑更遠了。所以平台不一樣，結果就不一樣！

市面上直銷公司眾多，到底要怎麼選？一定很多人不知道！我們是要做直銷，不是去做公司，適合自己的才是最重要。所謂的適合一定是經過比較後才有正確選擇的。如果你選擇了一個陷阱，不但賺不到錢，還可能令你大失血。

一般的直銷商都是用「公司」、「產品」、「文化」、「時機」、「制度」來說服你這個項目多好多好……其實，不管這些有多好，都不是重點，重點是「你要檢視你自己適不適合這個項目」。選擇戰場，並不是去選擇哪個戰場獲利比較豐富，而是去選擇，你在哪個戰場比較容易發揮、容易勝出！

別人月入百萬是別人的事，不代表自己加入了同一個公司也能月入百萬，每個人的屬性、交友圈、能力、特質都不一樣，有些項目，特別適合愛漂亮的女生；有些項目，適合亞健康的族群、適合喜歡旅遊的族群、適合年紀大的族群、適合年輕人……有些項目適合冒險型的人，有些項目適合保守型的人，硬要把一個項目推薦給所有的族群，很不切實際！

有些公司，確實獎金就是比別人高，福利比別人多，但是身為選擇的人，還是要衡量自己的能力、專長、時間的投入，才能提高勝出的機率。否則就算能進得去，到最後也只是把自己搞得壓力很大，然後放棄！想成功，先了解自己，盤點自己有哪些資源和能力，更適合哪個項目？選擇一個對自己有利的戰場，自己做得開心，也更容易成功！

選擇直銷公司的黃金標準

做直銷，選擇一家適合自己的直銷公司真的很重要！看看身邊那些從事直銷的朋友，為什麼有的成功，有的失敗呢？選對公司才能賺到錢，那麼，直銷公司怎麼選才正確呢？

1 看是否合法

首先公司必須合法。判斷一個直銷公司是否合法，看這家直銷公司是不是有依法向公平會辦理報備？是否有遵守「公平交易法」及「直銷管理辦法」的相關規定，如果直銷公司的直銷制度及執行，均依照相關法令規定來運作，便是一個合法的直銷公司。還有是否有依法辦理經銷商退出和退貨？這些都可上公平會網站查詢，以確保自己的權益。

其次，公司要有實力，有誠信度，有永續經營的理念。最好是國內知名品牌，消費者容易產生認同。公司實力越大，抗風險的能力就越強。只有公司實力強大，才能穩健發展，才能確保有長久的獎金可以領取。

② 看產品力

直銷是口碑相傳的事業，產品的品質至關重要。如果直銷產品本身相當吸引人，就會因為東西好用，讓人想要一直買，所以一家優秀的直銷公司，其產品應具備以下特點：功效卓越；具有獨特性；種類多元且生活化；價格合理，以及有相關的產品認證等。

產品的競爭來自兩個方面，一方面的是品質的優勢，一方面是價格的優勢。最好的產品是品質卓越，價格適中合理。

此外，你可以選擇你有興趣的產品，例如你是營養師，那你可以找銷售保健食品的直銷公司來經營；如果你是新娘秘書，那化妝品的直銷公司就是你的首選了。

③ 看制度

富不富看制度，制度的好壞決定經銷商的口袋。最好的制度應體現為人性化、均富化，這樣就能留住人才，留住直銷商及消費者。直銷的獎勵制度從早期的太陽線開始，演化到矩陣制，再到雙軌制，進而發展到如今大部分都是太陽線和雙軌制這兩種制度的延伸及改良，你可以多參考幾家直銷公司的制度，評估是否對己有利，要選擇有利於自己發揮的、適合自己個性的制度去經營。

追溯直銷發展的歷史，第一代的獎金制度要屬安麗Amway的太陽線級差制，這種制度在當時與傳統企業的業務員推銷的方法相比是稱霸一時，它採用了市場倍增的原理。但是人們慢慢發覺，此種制度公司的直銷商成功率很低，因為人的精力有限，直銷大多是利用兼職來做，但是這種制度要帶動很多下線，又要銷售很多產品，就像一個企業董事長下面只有一個廠長，他又要管理十多個部門的話，一定很難勝任。

所以到了八〇年代中期，以美樂家Melaleuca為代表的矩陣制出現了。它只要推薦和培養三個或五個下線。經有關直銷內行人調查研究，一個直銷商帶動團隊與推薦的人數平均是2.87人左右，所以對於大多數的人而言，帶動三到五個直銷下線還是超負荷，讓人感覺難度太大。

到了九〇年代，一些公司採用了雙軌制，此制度速度快，爆發力大。但雙軌制也有其弊端，有些公司不以產品為導向，純粹拉人頭，搞對碰，太投機了，但是也有一些非常成功的公司，吸收了雙軌、矩陣及太陽線的優勢，拿掉了雙軌制的缺點，形成了改良的混合制。

④ 看時機

公司再好，如果進入的時機不對，也只能成為後來者的奠基石。直銷是一門生意，只要是生意，就有個先機的問題，「做生意要獲利一定要先知先覺，不能後知後覺、不知不覺」。先知先覺的是經營者，他們只要堅持、努力，就能成為領導者，領導者是賺大錢的。後知後覺的是競爭者，看到前面的人賺到錢了，也跟著做了，這部分人叫跟隨者，跟隨者通過努力，也能賺到點小錢，但難度相對大了一點。最後一部分人也是社會上最多的人，不知不覺就成了消費者，消費者只能花錢，不能賺錢。

每家公司都會經歷三個基本時期：起步期、爆增期、成熟期或死亡期。一個機會的大小，並不是說這家公司做得有多大，而是要看留給你的市場空間有多大，這對於直銷經營者來說才更有意義，所以時機至關重要！從生意的角度來講，一家公司在一個市場運作超過八年以上，就不值得去投入了。其實，最佳的切入時機是公司開業前的一年及開業後一～三年。因此一定要考察這家直銷公司是否在成長期，能否為個人和團隊發展提升空間、創造財富，否則加入再久也只是白白浪費時間。

⑤ 看團隊、系統

做直銷不是單純的賣產品，關鍵是講究如何有效地複製和倍增，一個優秀的系統講究的就是如何有效而迅速的複製，要有效的複製，關鍵靠的就是直銷商的培訓與教育了。

找對方法，跟對人，這在直銷行業中非常重要。所以，應選擇有影響力的團隊、有能力的領導人及成功的系統。人都喜歡跟隨有結果的人。就好像你想要減肥，你是要向減肥成功的瘦子請教方法，還是去找一個還在努力中的胖子？賺錢也是一樣。你想跟一個還在朝九晚五的人打拼事業，還是跟一個每天出國旅遊、開名車，口袋滿滿的人一起打拚？自然是後者。

培訓系統優越，複製就能成功。有公司沒系統做不大，有系統沒公司做不久，未來的競爭是系統和系統之間的競爭。優異的系統可以使你的事業如虎添翼。

選擇戰場看的不是戰利品迷不迷人，而是衡量自己的等級、資源、屬性、對手強弱！選擇一個自己比較有把握勝出的戰場！當然，夥伴也很重要，如果你平常就有好人緣、好人脈、好名聲，你也可以進入一個自己並不佔優勢的戰場，只要那些戰將們願意跟你一起打拚就行了！

不宜碰觸的直銷公司

不合理高獲利的公司

用極誘人的高複利來吸金，主要是靠後金養前金。請注意！只要是說得越輕鬆，越快速致富且需要你投入的錢越多的，鼓吹什麼事都不用做，只要在家等領錢……就是此類公司。通常等他們吸到夠多的錢，老闆就立馬走人，令你求助無門。

高責任額的制度

如果這家公司是要會員花一大筆錢囤貨買聘階，或是每月有數萬甚至十幾萬的責任額，這樣的公司是不宜投入的。試想若這些會員家裡有一堆貨賣不出去，手頭緊的人怎麼辦？只好賤價出售，這樣不就會造成產品價格大亂，那誰還會願意花較高的錢來跟你買呢？

老闆是外行人或業外頭銜太多的

檢視一下這家公司的老闆與總經理是否有直銷的成功經驗。若沒有的話，你跟著他發展直銷事業，不是很沒保障嗎？此外有一些老闆名片拿出來頭銜多到嚇死人！他並不是只有這份直銷事業，可能他的主業在另外一領域，直銷只是他玩票性質的小事業，自然不會專心、積極地帶著會員們用心拚搏發展組織，那這樣的公司你能期待它有前景嗎？

產品太高科技，推陳出新過快

當你去聽說明會時，高端的科技令你心動，也完全同意台上講師說的龐大市場與商機，開始經營時，談十個人，進來十個，談得很順利，可是才領沒幾次的獎金，市場上就多了十幾家一樣的公司出來，產品比你先進，售價比你低，那你還有什麼發展空間？你只好再加入更新的那一家，一換再換，最後你就成了直銷難民了。

沒有自己的研發能力，類似產品到處都有

業界一些有研發能力，產品不斷推陳出新的公司，令人激賞！他們願意不斷投資，讓公司與會員夥伴們永續經營。然而大部分的公司都是人云亦云，看市場流行什麼，就找台灣工廠OEM一批出來順應潮流，產品系列一大堆，沒有核心產品，價位都比別人高，讓你很難去與他人競爭。這些產品有沒有用？有，但重疊性太高！有需求者為什麼會只跟你買？想想都就知道經營不起來。

有研發能力，有工廠，但是除了直銷通路之外，傳統通路也賣

這些公司不懂直銷精神，是標準把直銷商當業務人員用的公司，試想與你競爭的同質性產品，市場上已經有一堆了，公司還改包裝，改名稱在市場跟你競爭，試問這樣做直銷還有利可圖嗎？

沒有落地的外商公司不要碰

對外國人來看，台灣是個直銷寶地！幾乎是兵家必爭之地，所以有計畫也好，無計畫也好，都想到台灣來試試。所以那些根本就沒有打算來台灣發展，只想偷跑的外商公司，最好是不要碰。還有一類公司也不要碰，標榜台灣不落地，賺再多都不用繳稅，這些公司也很短命，因產品送貨困難，不準時，有時獎金也晚發，太沒有保障了。

以上這些地雷公司，請一定要睜大眼睛避開，別讓自己選錯了！天下沒有白吃的午餐，每種被動收入都需要時間去建構，「不要貪」就是防止自己被騙的最高指導原則。

富不富看制度

直銷公司除了產品以外最吸引人的就是獎金制度了，每位經營者的利潤除了來自銷售產品以外，還可以通過推薦他人加入而獲得獎金。直銷的迷人之處就在於——透過固定消費產生無窮大的獲利，而制度就是關鍵。

直銷公司的獎金制度主要分為：太陽制、矩陣制、雙軌制、混合制。直銷從業人員可以根據自身的情況選擇適合自己或者自己喜歡的制度類型。因為直銷只是銷售商品的一種商業模式，不論哪間公司或什麼制度都一樣會有人成功有人失敗，重點在於公司制度的難易度是不是符合自己的預期與規畫，公司產品自己是不是認同並願意使用。

美國是直銷的發源地，經歷了幾番直銷制度的變革。直銷制度在美國的發展歷程可以歸納為太陽線制度（代表公司：安麗Amway），矩陣制（代表公司：美樂家Melaleuca），雙軌制（代表公司：美安），當然還有混合制，是一種組合拳的概念。

太陽線

又稱太陽線級差制，是最早出現、採用公司最多的主流制度，如安麗、玫琳凱、嘉康利等直銷企業，產品全面、系統完善，有底蘊文化。這種制度為直銷商設置了很多「階梯」，根據業績一級級向上升，收入呈級差擴大的獎金制度。

作為鼓勵直銷商不斷升階的動力，能調動工作人員的積極性。其特點是允許脫離和和歸零、浮動計算獎金。

★級差制的獎金主要有：銷售獎金和領導獎金。

矩陣制

矩陣制是指限制前排數量，領取的獎金是按固定深度來定的。矩陣制主要以消費者為構建基礎，沒有小組責任額，且個人責任額很低。所以要賺大錢就必須不斷地開發消費者市場。只要能夠穩定住一群忠實的消費者，穩定的收入就會源源不絕地來自組織網固定的重複消費。

★矩陣制的獎金主要有：消費者回饋獎金、組織網代數獎金。

雙軌制

雙軌制是指只向下發展左右兩條組織線，然後根據小組業績來獲得獎金的一種獎金制度。允許個人經營業績，而且施行累積制，只要你中途不放棄，達到一定程度後就可領取獎金。將經營者和消費者結合為一體，即便你是消費者，也可以因為制度而受惠。這種消費獲利的方式能激發更多人參與直銷。

 混合式制度

混合式制度是在上述現行制度做一些調整與變革，它結合了上述各種制度的優點，是以級差制為核心，同時又改良了傳統級差制的缺點，因為是以級差制為框架，所以又稱為混合式級差制，它保留了晉階和代數獎金的概念。其特點為業績無限期整組累計，該制度中直推、差額和代數獎金並存；注重銷售與團隊管理，組織穩定、業績與收入逐步同步攀升；中高層收入豐厚；前期啟動快；中期推動力強；後期有利於管理與複製；線的寬度要求少、無小組業績壓力。

★混合制的獎金主要有：銷售獎金、差額獎金、代數獎金、分紅獎金。

太陽線 sun organization

太陽制依字面上來說，就是組織圖有如太陽光線一樣向外擴張。就是以個人為中心向外擴張，不斷擴大消費族群並串聯來得到高產品返利獲取財富。就是一個人可以發展無數個直推人員，每個直接推薦人員是獨立的，和其他你直接推薦的人沒有任何業績關係。太陽線是走「廣」的模式，與雙軌制走「深」的模式相對。代表公司有：安麗Amway、賀寶芙Herbalife、玫琳凱Marykay、嘉康利Shaklee 等多家老牌直銷商。

而太陽線的制度都會有代數上的限制，一般都限制在三代～十二代左右。關於代數簡單說明一下：依限制三代來說，也就是在你自己之下的支線找了三個人都跟自己有關係也就是所謂的三代，有些還會因代數而遞減獎金%數，而當這條支線出現第四個人時，其獎金就跟你沒有任何關係了。

太陽制因為有限代，所以假如你找了八個人，而這八個人彼此不認識，那最有可能的放置法就是這八位都是你的第一代下線，如下圖

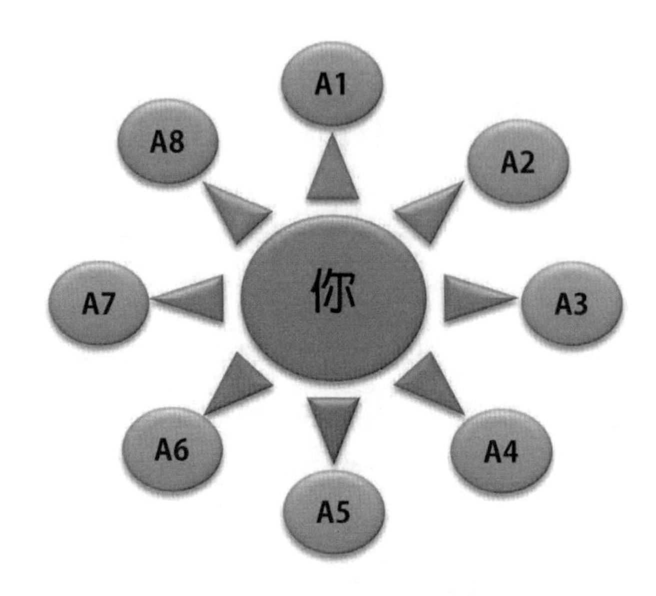

➤ **太陽線走的是人海戰術**

也就是說當我找到八位彼此都不認識的人來做這個直銷事業時，會分別排成八條支線，然後協助這八個人去發展。而這八個人之間是旁線關係，彼此的獎金一點關係也沒有。這八個人只會跟我及我上線有關係而已。通常在一段時間後，這八個人只會剩下一～二個人還存活著（20/80法則），其餘的都陣亡放棄了。也因此成員分散，組織團隊不易，沒心思做的朋友會導致斷線，業績壓力較大。所以經營者若要維持原本的獎金收入就必須持續開發新線來讓組織活躍及提高獎金收入。

傳統太陽線比較看重個人的努力，適合本身業務能力非常強的人去做，但這制度在現今已經慢慢走向弱勢，原因是業務能力強的人其實做什麼都很容易成功，所以就不一定會一直忠於原組織。

太陽制的優缺點

優點

1. 太陽制不需要對碰，而且在銷售商品的抽成比例上通常會比較高，所以短期內會衝得比較快。
2. 制度清晰，所以能夠準確高效地計算獎金業績，保障系統長期運行。
3. 制度簡單，太陽線系統能夠直觀顯示關係圖譜。
4. 公司可節省對碰獎金（組織獎金）之花費。
5. 注重銷售，業績與收入逐步同步攀升；中高層收入極為豐厚。

缺點

1. 組織是走廣的模式，由於你下線同一層的夥伴彼此之間沒有利益上的關係，自然合作的深度就比較有限了。
2. 每個人都是直接發展下線，隨著人員越來越多，自己的管理成本會非常高，阻礙團隊進一步發展。因為直接管理人數過多，管理成本會非常高，一個領導能夠有效管理的人數不宜超過十人。
3. 時間成本高：要一直衝業績、無暇經營組織。

4. 資金成本高：囤貨是個壓力。

5. 推薦或行銷能力不強時，容易造成斷線！

6. 先苦後甜。前期啟動速度較慢；初期很難賺大錢，流失率大，後期收入較高。大多數的收成來自於後段，很多新加入的會員還沒到達後段往往就放棄了。

 太陽制就是級差制？

級差制的意思就是每一個等級的獎金制度不同，根據業績一級級向上升，收入呈級差，越高等級獎金越高，獎金呈現等級差別，所以叫級差制，級差制不單單能用到太陽線裡，雙軌、三軌、矩陣等制度都能用到。級差制就是分等級發放獎金，最早安麗的太陽線制度，就是運用級差制獎金制度。所以以下太陽線的獎金制度就以級差制來說明。

級差制度主要以銷售產品為主，所謂業績就以銷售產品之收入為主，獎金主要來源是銷售產品的提成。級差制的優勢就是團隊一旦建立起來，就可以享受穩定且長期的不在職收入，尤其是高階經銷商，就可以享受穩定的高收入。

 獎金模式

1. 銷售獎金：通過銷售產品來獲得銷售利潤，這筆獎金會因為銷售量的不同而有所差別。
2. 從3%到21%再到各級獎銜，一級一級爬臺階，收入呈級差擴大。
3. 推薦獎：普通會員推薦一個普通會員可返10%、一個代理商可返20%。代理商推薦一個普通會員可返30%、推薦一個代理商可返40%（以上%依各家公司規定而不同，在此僅舉例說明之）
4. 管理獎：又稱領導獎金，就是用「代數」來計算（每一代業績是指小組業績而非個人業績）用於對領導人在組織管理和輔導方面的獎金。

你直接推薦的人叫做一代，你直接推薦的人推薦的人叫做你的二代，以此類推。第一代你可以拿30%，第二代你可以拿20%，第三代你可以拿10%。管理獎拿的代數看各公司如何設定，可以只拿一代，也可以拿多代。（以上%依各家公司規定而不同，在此僅舉例說明之）

5. 互助獎：互助獎就是上級幫助下級發展的意思。比如你可以拿你的上級推薦收入的10%的加權分配。
6. 歸零機制就是當月的業績是不累計，會按月歸零。
7. 允許脫離。就是說當你的下級的小組業績達到一定量的時候就可以晉升到和你同級或者超越你而到更高的階級。一般情況下在脫離前的個人業績是併入上級的小組計算的，即獎金是按整組業績相對應的百分比來計算的。

級差制獎金模式在主流制度中存在最久，最多公司採用的。多層次直銷以安麗Amway為代表，單層次直銷以雅芳、玫琳凱為代表。這種制度為直銷商設定了很多「階梯」，作為鼓勵直銷商不斷升階的動力。銷售業績越多，爬的台階越高，獲得相應報酬也就越高。

單層次直銷與多層次直銷的最大區別來自業務人員領取獎金的層次。一般來說單層次制度業務人員級別設定及領取獎金的代數是很有限的，而多層次制度業務人員級別設定是較多的，領取獎金的代數也較多，甚至是無限代都有可能。

 以安麗為例

Amway安麗的獎金種類與獎金計算架構如下：計算獎金前要先知道兩個數值── BV、PV ──

★ BV是指銷貨金額，是計算業績獎金的基準

★ PV是指積分額，是用以計算每個月獎金百分比的數額

為何需要積分額（PV）的換算比率呢？因為安麗公司需要視情況調整產品價格與銷售額，以及銷售額跟積分額之間的比率。也就是說

通膨和市場需求等浮動的因素會影響業績與獎金計算基準，因此需要以積分額（PV）作為業績獎金比的計算標準。

1PV等於50台幣，假設你這個月做到10000台幣的銷售業績，那麼換算成PV就是200，再由這200PV對應到的獎金比率就是3%，因此你為公司銷售10000元台幣的業績，能得到3%的獎金，也就是300元（10000*3%=300）。

業績獎金

業績獎金3%～21%（見下頁表）

業績獎金	3%~21%（見下頁表）
領導獎金	6%
紅寶石獎金	2%
明珠獎金	1%

「業績獎金」是以PV值作為業績獎金的計算基準，不僅根據直銷商自己的售貨額計算，同時也包括該直銷商所推薦下線所銷售的產品銷售額與會員消費的產品售貨額計算。根據小組總PV值來計算自己可以領到一個區間的業績獎金，只要你單月的PV點數越高，那你會分到的獎金比例就越高。如下表所示。

200～599PV	3%	10,000～29,950BV
600～999PV	6%	30,000～49,950BV
1000~1999PV	9%	50,000～99,950BV
2000~3999PV	12%	100,000～199,950BV
4000~6999PV	15%	200,000～349,950BV
7000~9999PV	18%	350,000～499,950BV
10000PV以上	21%	500,000BV以上

舉例說明：假設我這個月的銷售額是35000元。35000元BV，也就是700PV，適用的業績獎金百分比是6%。所以，35000×0.06＝2100，這個2100元就是我的獎金。

而我這個月推薦了下線ABC三人，他們這個月的銷售額也都有35000元。

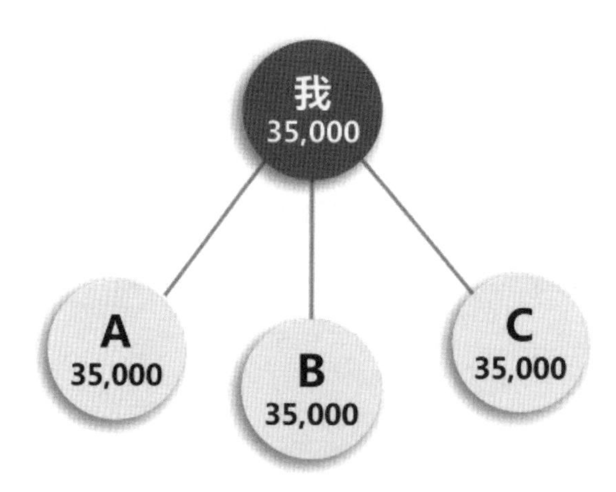

於是我這一小組的業績獎金是35000×4=140000，140000適用的業績獎金是12%，140000×0.12 = 16800元，這16800元是整組的獎金。

這筆獎金的發放是先往下發，所以A、B、C三人應該各自得到6%的獎金2100元。而我的獎金是16800 — 2100×3 = 10500

為什麼下線A、B、C三人只領2100元，而你卻領到10500元？是不是就是先來先贏？

我們再把我的上線加進來看，我的上線也同樣做了35000元的業績——

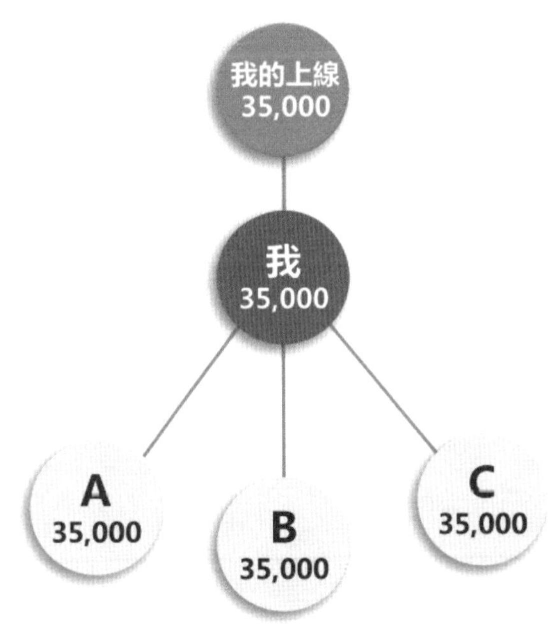

安麗的業績是整組來算的，這一整組的業績是35000×5=175000

而175000，適用12%，所以整組的獎金是175000*0.12 = 21000

你和你的下線這組應得的獎金是16800

你上線的獎金為21000 － 16800 = 4200

你的上線只有領到4200元，為什麼你的上線和你同樣做了35000元的業績，領的獎金卻和你不一樣？

因為你的上線只有發展你這個下線，而你發展了三個下線ABC，也就是說你比你的上線還要努力，所以得到的酬勞就比你的上線還要多。

從上頁表來看，如果你能銷售到更高的PV積分，那你就能拿到更高的獎金比例，也就是說能達到越高的業績，那你的錢就越好賺。在你成為白金之前，主要收入為業績獎金；之後，隨著組織擴展與獎銜資格的提升，你就可以開始領取各階段獎銜不同百分比的獎金。（白金，一個獎銜名稱，在任何連續十二個月中，有六個月符合銀獎章資格，其中3有須為連續月份，即符合白金的資格；銀獎章，是指其中一種條件是任何月份個人及個人推薦的小組積分額達10000分或以上者約台幣50萬，則符合銀獎章）

領導獎金

領導獎金是每月由安麗支付給合格的銀獎章直銷商，當你推薦的下線直銷商達到21%業績獎金標準時，你也有資格領取6%領導獎金。

在這個獎金制度下，只要被推薦的直銷商能維持21%的業績獎金標準，而推薦人的小組積分額也至少維持最低的標準，那麼推薦人就可以在合格的月份裡領取6%的領導獎金。

範例 1

當你個人推薦了一位直銷商或會員，他的小組積分達到10,000PV以上時，而且你自己的小組積分額也保持在10,000PV以上，你就有資格領取該月的全部6%領導獎金，最低至少有30,000元（500,000BV×6%），這份領導獎金將加進你的收入之中。

範例 2

如果你推薦了八位直銷商，他們每一位當月小組積分都有10,000PV，而且你小組的積分額也維持在10,000PV以上，你就能夠領取6%領導獎金，即240,000元（10000×50×6%×8）。

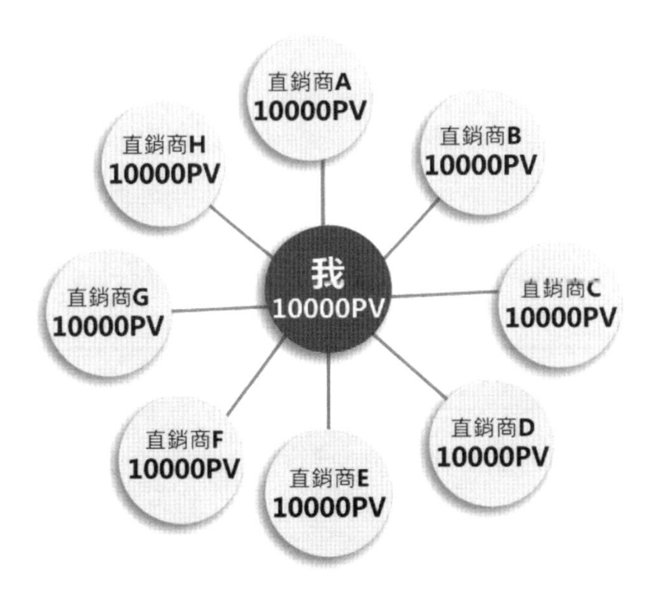

紅寶石獎金

當任何一個月紅寶石積分達20,000PV時，紅寶石獎金就是直銷商該月紅寶石售貨額的2%，頒給合格的直銷商，不論其是否已達到白金的資格。

紅寶石售貨額不包括下列業績：

1. 所有符合領取21%業績獎金的下線直銷商業績。
2. 下線白金小組的業績，不論該白金是否達21%業績獎金標準，其業績一律不列入上手直銷商的紅寶石積分中。
3. 達21%最高業績標準的代推薦小組及其所有上手推薦人的業績，均不計入此項積分中。

明珠獎金

安麗公司每月支付的明珠獎金，係所有第二層以下的21%小組，一直計算到下一位明珠獎金合格者的業績，再加上獲得該明珠獎金者個人推薦的21%小組的總售貨額，乘上1%的結果。如果某位合格的明珠獎金領取者，個人推薦或代推薦另一位明珠獎金領取人，則推薦者可得的明珠獎金將僅限於該被推薦者個人推薦或代推薦的21%小組的業績。

所有合格的明珠必須同時是合格的白金，並且在該月份中個人推薦或代推薦三個或三個以上合乎21%業績獎金標準的小組，便有資格接受這份獎金。所有超過本資格的白金，如翡翠、鑽石，亦可同時領取本獎金，唯其條件必須是一位合格的白金。（欲成為明珠，任一合格的白金，必須在同一個月內，個人推薦、國際推薦或代推薦3個業績獎金標準達到21%小組。翡翠：一個獎銜名稱，任何一位合格的白金若個人推薦、國際推薦或代推薦3個21%小組，每一小組在同一會計年度中至少有6個月業績獎金標準達到21%，即可成為翡翠。鑽石：任何一位合格的白金若個人推薦、國際推薦或代推薦6個21%小組，每一小組在同一會計年度中至少有6個月業績獎金標準達到21%，且在合格的6個小組中至少有3個小組必須屬本國市場推薦或代推薦者，即可成為鑽石。）

雙軌制double trial

「雙軌制」依字面上來說就是組織圖只有左右兩條線，如下圖所示：也就是說從自己開始只能經營左右兩條線，即每位經營者只需開發兩個下線，左右各一條經營組織線。如果你又開發了第三位下線，你將這第三位放在左右兩邊之下，而不允許放在自己名下。而底下的夥伴也同樣的只能經營左右兩條線，就是說一個人的第2代，最多只能有「左右2條線」。也就是說，如果經銷商開發多過兩個市場，其餘的市場都要往下安置，假如你找了三個推薦夥伴ABC，AB可以放在你下面一層的左邊和右邊，但第三位C就必須要放在左邊或右邊的下面，擴大自己的市場。若是你推薦了十位夥伴，而這十個人彼此都不認識，那最有可能的擺法就是你的左線放五人，右線放五個人，這時左邊和右邊的五個人彼此有上下線關係，自然比較容易互相合作。這樣一來，真正落實了人幫人，而不是以自我為中心。

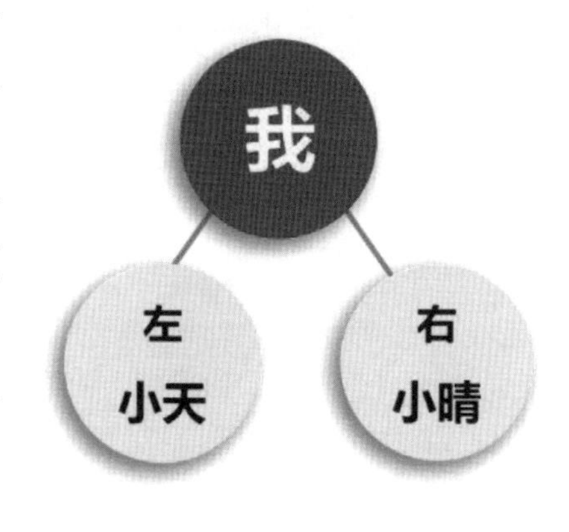

雙軌制度俗稱兩條腿走路的制度。與多腿制行銷（太陽制）方式

相比，雙軌制的最大優點是「上下級互動互助，符合了直銷深度工作的理念，充分發揮團隊的力量達到成功」。

雙軌制有個特色是無限代累積，所謂的無限代是指左右兩邊的組織不論有多少人，只要是在你底下的夥伴都跟你及你上線有關係。所以後來大多數的直銷公司都採行雙軌制。據統計，55%的直銷業人士喜歡雙軌制，認為它是非常人性化的獎金制度，比其它的制度更容易被接納。雙軌制的優點在於組織團隊容易，業績壓力小，且團隊中彼此能互相幫忙。

雙軌制一般有以下比較常見的限制：

1. 左線和右線都需要有至少一個直推人，才能領獎金。
2. 設有左線和右線對碰的最低金額限制，金額越高代表門檻越高，站在每一位直銷經營夥伴的立場來看自然是金額一點點就能領是最好的。

美國直銷業協會曾做過一項調查，發現一名直銷經營者的成功推薦率是2.87，這個數字說明了：一個人只適合經營兩個組織線，這樣是最有機會達到團隊擴張率和維持率的最大化。

雙軌制能讓團隊組織的擴張性達到最大效益，上級只需管理好左右兩條線，自己多的人脈就由上而下排列至下級的下面，從業績和人脈上輔助下級，下級因為可以得到上級最大程度的幫助，大大減輕了經營難度，有益於團隊穩定性。紮實地把上下級變成魚幫水、水幫魚的利益共同體。

雙軌制公司多數都提倡每月不多的自動消費，又不需買貨、囤貨，大幅降低經營者的資金、時間成本，形成真正以消費為導向的直銷模式。

 雙軌制的優缺點

優點

1. 無限代：允許個人業績或消費積分可以無限代累計，只要經銷商中途不放棄，到達一定程度，就可以領獎金。中低階都可以領取，這能讓市場倍增效益最大化。
2. 容易合作互助：因為只能向下發展左右兩條線，所以夥伴或多或少都會有點關係，有助於彼此合作。而且因為只能有兩條直推線，但推薦能力強的經銷商將人脈不斷往下安置，能間接幫助到能力較弱者，成功機會比較高。
3. 發展二個人比較容易，壓力少、管理簡單所以發展速度快。
4. 沒有價差：雙軌制的特色即使是高階經營者能取得的商品價格和剛加入的經營者拿到的價格是一樣的，沒有拿越多越便宜，自然就比較不會囤貨。

5. 消費者也是有可能領取獎金，只要消費就有機會獲利的模式能吸引更多人加入。
6. 上下級互動互助，符合了直銷深度工作的理念，能充分發揮團隊的力量。

缺點

1. 大象腿現象，不能獲得與付出相應的報酬。雙軌制獎金來自於兩個直推市場的平衡，必須左右兩邊市場發展平衡才能拿到對碰或層碰獎金。
2. 推薦夥伴加入為主要業績來源，形不成真正意義上的銷售網。
3. 需要比較久才看得到收入：雙軌制需要對碰才能領獎金，而且因為是無限代，所以單一商品的銷售抽成百分比通常比太陽制低，短期內比較看不到收入大增。
4. 容易養懶人，不能充分發揮直銷人的潛能。
5. 封頂現象不能讓有能力的人在一個經銷權利上獲得想要的超高收入。所以中高層收入有限，制度對中高級業務人員吸引力降低，短線炒作心態強。
6. 團隊不重視銷售與管理，組織往往不太穩定。

綜上所述，其壞處就是不好碰，業績在不同層碰不到，業績在同一邊也碰不到。表面上團隊人很多，但獎金都卡在某一邊碰不出來，如果是業績歸零的制度，那等於之前都做白工。所以雙軌是前期非常好做，後期獎金雖高但很難做。因此目前有很多雙軌制公司開始對雙軌制進行改良，允許直銷商開立第二條線以外的寬線，或是增加其他的獎金種類，包括推薦獎金或是零售獎金等，試圖在保持雙軌制優勢的同時，加強彌補雙軌制的劣勢。

簡單雙軌制

1 左右發展完全平衡（1：1）的雙軌制

要求直銷商在左右兩邊各推薦一人：一人置左邊，一人置右邊。通常直銷公司要求的平衡情況有兩種：

★ 按入單人數左右平衡發展。舉例：你推薦新人A和B，在你協助A和B各推薦兩名新人入單（第二層四人）後，完成一局，從而獲得一定數額的獎金。當第三層八個人也都就位後，你能再次拿到獎金，如此類推發展下去。但缺點就是直銷商下級所有空缺都必須補滿時，該直銷商才能領取獎金，這獎金的門檻其實挺大的。

★ 左右業績同時達到某個業績額。舉例：你的下線A直銷商及其下組織業績為左區業績，下線B直銷商及其下組織業績為右區業績。若直銷企業規定左右區業績各達500BV為領取獎金的基礎來計算，在某一周期內你的左區業績是500BV，右區業績是600BV，你就可以領取公司規定的左右各500BV之獎金。

2 左右業績不需1：1平衡的雙軌制

這種制度要求在獎金發放周期內左右區業績滿足一個比例，如1：2、1：3或者3：6（如左300BV，右600BV）等。可是這種制度對直銷商的業績來說，可能始終會存在「大象腿」的問題。

改良雙軌制

前面所提到的兩類雙軌制（簡單雙軌制），由於兩邊發展速度不均或放置成員的能力不均等原因很容易造成左右發展不平衡（俗稱「大象腿」）。而為了解決雙軌制發展不平衡的問題，於是有了改良發展。

改良型雙軌制是目前最受歡迎的一種獎金制度，其改良形式如下：

1 改良雙軌制——矩陣獎

矩陣獎是按級別比例，以當月業績總和的1%或更高比例的獎金頒發給直銷商。但後來因矩陣獎在一定時間內，能帶來的收入還是很少，並不能滿足直銷商的需要，於是又改良成培養獎。

2 改良雙軌制——培養獎

為了解決矩陣獎所帶來的收入不夠的問題，於是再次改良，推出了一種新的獎金制度培養獎。

培養獎是指你親自推薦的直銷商，無論他在你組織中什麼位置（不拘左區或右區），每次該直銷商達到基本雙軌獎金，你也可以按級別領取直銷商全部或部分雙軌獎金。也就是說，你推薦的直銷商越多，你拿的獎金就越多。而且可以超過你大多數上級的收入！

培養獎，既可以彌補以往雙軌制中兩條腿發展不平衡的問題，又可以滿足直銷商對收入的要求。培養獎還能促使上下級直銷商更緊密合作。這種制度完全體現出了團隊合作的力量，也著重體現出多勞多得、少勞少得的社會財產分配體系的好處。

改良雙軌制的三大特點：

★ 解決大象腿，偏區的問題。

★ 解決獎金以局為單位計算業績所造成獎金沉澱大的問題。

★ 解決團隊凝聚力小的問題。

雙軌制的獎金模式

首先，我們先來了解什麼是「直推」？就是你直接推薦拉來的人就是你的直推。例如：假設你直接拉來ABC三人入會，那麼你就是ABC三人的直推。

如果你下面的ABC又各自推薦了DEF入會，那麼ABC就分別是DEF的直推。

推薦獎

又稱為培育獎金，只要能成功邀請他人入會加盟，就能領取。可以百分比發放也可以固定金額發放（依各直銷公司制度而定）。

層碰獎

是指同一階層左右兩邊都有發展下線，就能領取獎金。

如下頁圖所示：

假設你推薦了A、B二人為經銷商，分別置於你的左右兩邊，且皆在同一層，這樣你就能領取層碰獎金。（如紅色圈圈所示）

當你又推薦兩個人，分別為C和D，並放置在A之下，此時A就能領取層碰獎金。（如綠色圈圈所示）

之後又推薦兩位夥伴為E和F，並安置在B之下。這時因D和E分別為你的左右兩邊，此時你就能領取層碰獎金。（如紫色連接線所示）當然B也能領取E和F的層碰獎金。因層碰獎金限制每層只能領一次。所以C和F的層碰你就領不到該層碰獎金。

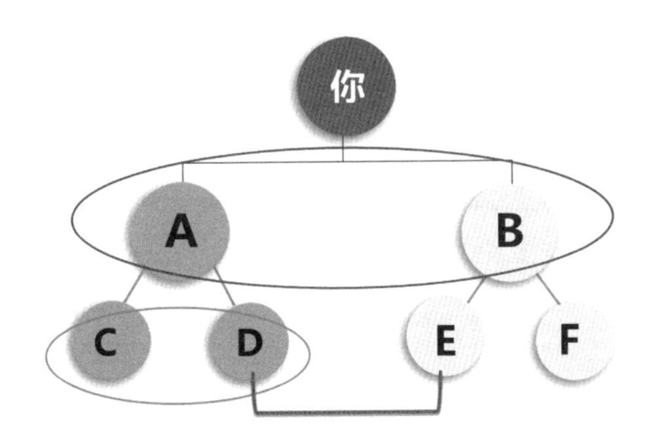

對碰獎

每個直銷商都有自己的兩個區，左（A）區和右（B）區，每個人的第一層都是兩個人，第二層是四個人，第三層是八個人，第四層是十六個人，依此類推。而且同一層的每個點位上的人的位置關係都是平等的。

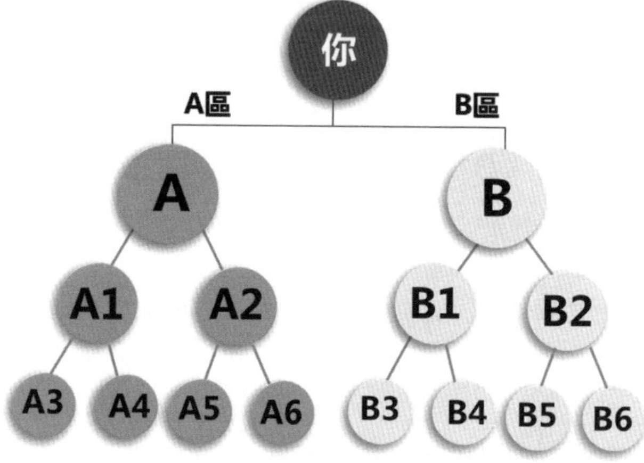

雙軌制基本上以「週」作計算周期，當經營者的兩條線（左右兩區）達到一定的業績要求時，便可以領取獎金，稱之為一局（也叫碰局）。對碰獎就是左右兩區（如下圖的AB兩區）業績凡是有新增業績就會產生對碰，每新報單的業績逐層往上累計，每層都加。當左邊的業績跟右邊的業績產生對碰就可以拿獎金！AB兩區的業績每碰到1：1就會獲得該金額的10%獎金（是按照金額數碰對，而不是按照客戶的人數碰對；而獎金百分比依各公司規定）。在領取獎金之後，兩條線的業績都歸零重新計算。

例子一

假設你推薦了兩個人入會，都是1000元的級別，分別是A和B

兩個人，分別放在了你的A區和B區，這時你的A區為1000元，你的B區為1000元，A、B兩區就能對碰，即左邊：右邊＝1：1＝1000：1000，你就可以得到1000×10%＝100的對碰獎金。此時你的A和B這兩個客戶的對碰已經碰完，不能再重複進行下一次碰對。

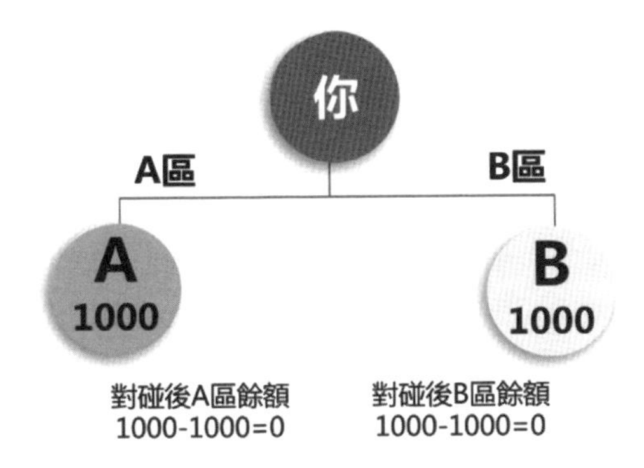

例子二

A區的A1新入會500元、B區的B1新入會1000元，在這種情況下，A、B兩區碰對，只能對碰到500元。左邊：右邊＝A區：B區＝500：500，你可以得到500×10%=50元的對碰獎。對碰後B區還剩餘的500元，可以累積進行下一次碰對。而A區A1已經碰對完畢，不能再進入下次碰對。

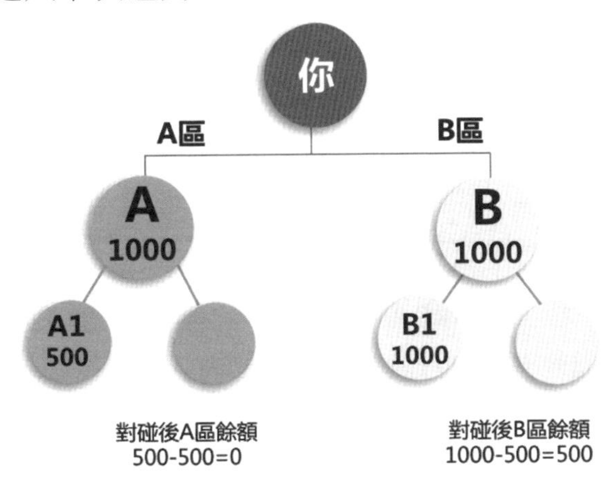

例子三

上一次對碰我們已經碰掉了A1的500元，所以A區餘0；而B區還剩下500元，這時A區有新人入會為A2的1000元和A3的1000元，那麼對你而言A區就有2000元的業績。而B區只有一位新人B2入會500元，此時你B區的業績為1000（上次剩下500＋新增500）。這時A區：B區＝1000：1000，你可以得到1000×10%＝100元。A區碰完剩下1000元的業績不歸零，以後產生業績再對碰，以此類推，對碰無限代，無限層。

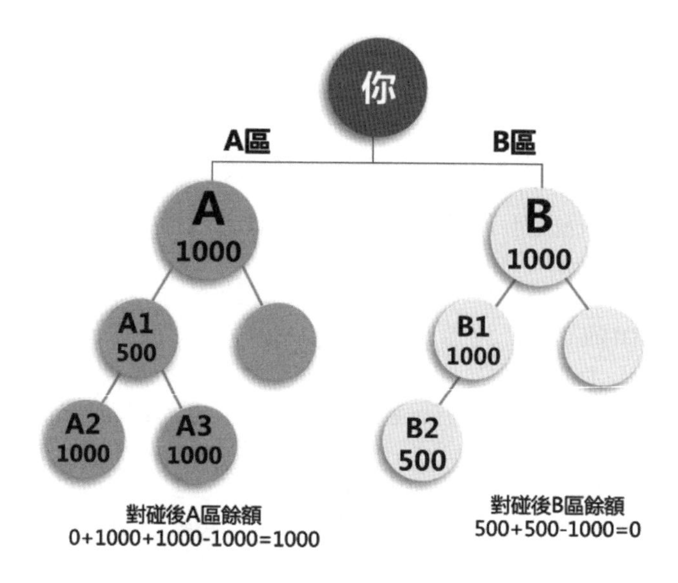

當然A和B，以及A1、A2、A3、B1、B2這些人都可以去推廣發展會員，每個會員都有A區和B區，只要A區和B區有業績，就可以按1:1進行對碰，相應會員就可以獲得對碰獎金。你培育好他們後，

還可以拿你下面一、二、三代的5%的管理獎。只要你的A區和B區碰到對了，大家就有錢賺。

由此看來，對碰獎是真正的團隊互助式賺錢。不管你有沒有能力開發市場都不用怕，因為大家是互助的，你發展不到人，肯定會有其他人可以，這樣就實現了團隊共贏。

對等獎金

就是如果你的下線人有領到對碰獎金，你就可以領到他的對碰獎金的10%。

以東森為例，你之下的直推六代產生的對碰獎，你都可以拿到該對碰獎的5%，這是你的對等獎金。直推六代的意思是指要先自己推薦加盟店主。而這些加盟店主再推薦下去或是自己持續推薦所延伸的六代。

假設一開始自己加盟三家分店（經營三個直銷商，為下圖的你、A、B），你推薦A1、A2安置在A之下。無論A3、A4、A5、A6是自己推薦或是A1、A2推薦，你都能領到該分店的對等獎金。

假如當月A6的對碰獎金有100萬，此時你和A都能領到5%對等獎金，也就是5萬元。這就是同時加盟3家分店的好處，可以領到兩次的對等獎金。

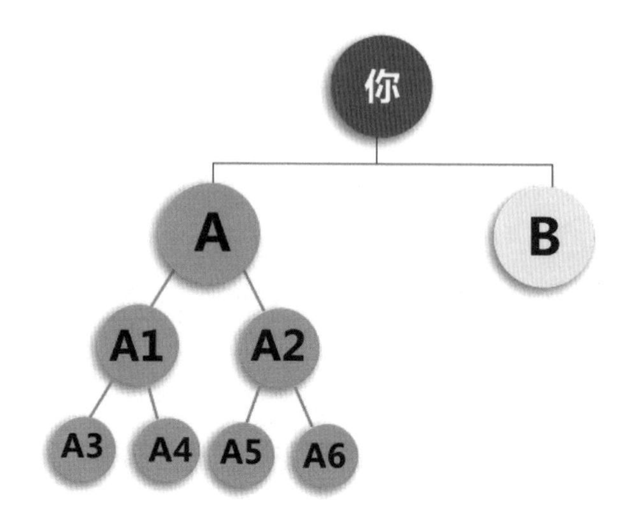

領導獎

可持續累積小區業績，且沒有時間限制，若你的業績達標，完成晉升，就能領取自你以下所有人業績的一定百分比的獎金。（以職階領取不同的百分比）以東森為例，小邊業績達30,000PV即可考核升總監，就可領取該獎金。

達聘之後不退聘，做多少業績就領多少該聘階的分紅，不用其它額外的考核方式，很容易就領到領導分紅，如同公司給股東分紅。以職階領取與之對應的級差獎金：總監2%、紅寶石4%、鑽石5%、皇冠6%。

舉例：如果你是最高的皇冠級，自你以下所有家族業績左區1000萬，右區500萬，則你可以領到的領導獎為：1500萬×6%=90萬

 雙軌制V.S.太陽線

直銷制度在台灣大致可以歸納為：太陽線制度和雙軌制度這兩大類。施行太陽線制度的有：安麗Amway、賀寶芙Herbalife等多家老牌直銷商。雙軌制度的有：美安（Market America）、優莎納USANA、艾多美，東森新連鎖。

說起雙軌制和傳統的太陽級制（級差制）有很大不同，總結如下：

1. 雙軌制的經營業績（消費積分）能無限代累計，能把市場倍增效益放到最大，這是傳統制度所不及的。
2. 太陽制著重經營者，較忽略消費者，雙軌制則將經營者與消費者結合為一體，即消費者也可以領到獎金，這種消費獲利的新模式為目前直銷發展的主流趨勢。
3. 在組織經營上，雙軌制則更能發揮團隊協作精神。因為在傳統太陽線制度下，直銷商們都喜歡自己開線，並且離自己越近，獎金領得越高。而雙軌制度則在制度設計上做了改進，讓每個能力強的人都能幫到別人。
4. 只要維持一定的消費額，努力經營，發展兩條直推線。這樣，組織容易走深。組織走寬是為了獎金，組織走深則能讓發展越來越穩定。
5. 傳統制度會因業績、位階不同，獎金有不同計法；雙軌制從基層到最高階都一樣，獎金的百分比是相同的，在制度設計上，

獎金領取的多少和組織大小有關，而不是和位階有關。每個人在雙軌制下機會都是平等的，都可以產生「無限代」。無論是低階、中階還是高階，賺錢機會平等，沒有所謂後進入就沒有機會賺大錢的問題。制度設計上，無論你何時進入，只要付出就有機會，沒有因人而異，並不是先來的人就一定能先成功，後進者只要努力一樣可以超越。

6. 傳統的太陽制以月為單位，每次業績從頭算起，雙軌制則可以累計積分，達到一定程度，就可領取獎金。雙軌制雖然獎金比率不高，但其重在公平，不論高階還是中低階都可以領到。

7. 在雙軌制每個人都只有二條直推線，但是每個人不可能只有二位朋友，本著互助精神，上線可以將人脈往下安置，能間接幫助到能力較弱的人。而傳統的太陽制，必須一個人從低階爬到高階，越爬越沒有動力。在雙軌制度下，只要照顧好二條直推線，確定他們會使用產品、擴展人脈，就會有獎金領，真正做到人人都有成功的機會。

8. 在傳統太陽制，獎金一般只能領到七～八代。雙軌制則沒有這方面的限制，因為能無限代領取獎金，組織紮根很深，不會脫離、動搖，經銷商領的獎金高，真正實現讓人越做越輕鬆。

9. 在操作中就容易被複製、傳承。一般人只要成為消費者並積極找人分享，不必擁有非常強的能力，也能夠經營成功。而在傳統的太陽制中，經銷商要很會賣東西、經營組織，但雙軌制不同，只要互助，任何人都可以獲得成功。這樣的制度能調動更多人的積極性，有利於組織擴展更快速、更穩定。

人對了，一切就對了

史丹佛大學研究中心的一份調查報告，指出「一個人賺的錢，12.5%來自知識，87.5%則是來自於關係」；在好萊塢，有句名言是：「一個人能否成功，不在於你知道什麼，而是在於你認識誰。」

直銷要想做得好，有兩大關鍵：一是產品可靠，能熱銷；二是人脈聚集，可倍增。都說人脈即錢脈，直銷人聚集人脈的過程就是在累積財富，然而很多直銷人由於人脈的匱乏而倍感困擾，他們只知道利用熟人資源，而不會增加人脈。直銷是經營人的事業，是需要與人「溝通」和「分享」，通過自己對產品、事業的親身體驗，幫助對方實現個人價值和夢想。因此，有效地找尋和鎖定「客源」便是成功的第一步。至於你要開發什麼樣的人脈，跟你是什麼人有關，當然也與你公司的規劃有絕對的關係。那麼，具體該怎麼做呢？

確定你是什麼人

俗話說：「物以類聚、人以群分」你是什麼樣的人就會跟什麼人在一起。你是什麼樣的人，就會吸引什麼樣的人跟你交往。

直銷事業找的是兩種人：一是事業經營者，一是產品愛用者。

★ 如果是要吸引事業經營者，你必須像個成功的生意人。

★ 如果是要吸引產品愛用者，你必須符合產品的形象。

你必須踏實地經營自己的形象，讓自己更像個人物，因為你就是產品代言人或事業代言人，如果經營直銷賣的是健康與美麗，你就不能無精打采地去銷售保健產品，也不能容貌憔悴地去向人介紹保養品，而是需要合宜的穿著與談吐去推薦事業，如果你目前還沒辦法做到，那就努力去改變。縱使我們不一定健康美麗，但也一定要走在這條路上，讓人看出我們的「結果」或是「改變」，才能吸引人們追隨你的腳步。

符合公司規劃的人脈

配合公司規劃的方向，經營事業就會比較順遂，例如公司規劃是要找年輕型的事業經營者，如果你推薦一群高齡者加入，反而會格格不入，也留不住人，因此一開始就先找合適的人加入絕對是比較恰當的。

要看公司的規劃和產品的訴求客戶是誰，來決定找人的方向，因為在錯誤的人群上經營再久，也只是朋友增加而不是客戶增加。如果直銷公司主要是銷售日常用品，則其目標消費族群比較廣，擴及年輕人到中高齡，若是要找下線直銷商在年齡和性別上比較沒有限制，但若從事業角度分析，因單價偏低，發展事業需要大量的人脈，活潑、好動、喜歡交朋友的會比較合適，因為這類的人行動力強，朋友多。

沒有人脈要如何滾出人脈

開發人脈別無他法，就是多去認識人、結交朋友。如何多認識人可以從以下五大方向去經營：

① 緣故法

就是我們常說的同學、同事、同好、同袍……不論什麼「同……」，總之就是將你認識的族群分門別類，將這些緣故的親戚、朋友、鄰居、同事、同社團、同學劃分好重新在LINE的社群軟體內經營交情，讓彼此的信任度再升溫，剛開始可以在既有的LINE群組內多互動，經營彼此的熟悉度與信任感，最好是漸進式地成為群組內的影響力中心，互動久了自然就會找到切入時機，那時就可以私下一對一地切入，這樣成功的機會一定比較大。

② 定點開發法

要去哪些定點找人呢？就是先想一想你的目標客戶是什麼樣的？你想要找的是哪一類的人？就鎖定去他們會出現的地方找人，例如銷售保健產品，要找的是那些有些小病痛、肥胖、慢性病的亞健康族群以及重視健康的人，這些人最常會出現的地點就是公園，只要有公園一定會有一群人聚集在一起練太極、練氣功、做伸展操等，或是去社區大學上瑜珈課、有氧舞蹈，若是上健身房運動，每天固定去一個定點就可以結識好多人，只要我們願意跟他們交往，一個一個經營，三個月下來至少能認識百人以上。

③ 職場開發法

如果你的工作職場可以認識客戶，像是餐廳、美容院、服飾店……等，將客戶變成朋友就很重要，例如房屋仲介的工作就可以認識很多想買屋或租屋的客戶，與客戶成為好友，經常性地關心客戶，只要有電話跟LINE帳號，就算沒能成交房屋，也能持續跟進成為互動極佳的好友，只要是好友就有機會經營成直銷客戶，不過重點還是在於持續經營。

④ 網路社群開發法

網路社群其實很適合陌生開發，只要你用對方法，並持續做下去！那就是——每天加十位好友、跟所有好友按讚、留言互動。將個人當作個人品牌來經營，一定要佈局與經營，才能使朋友數增加而且變成實體好友，甚至成為你的直銷下線。

此外，不是加了好友就有業績，也不是丟出廣告就有買氣，重點在於經營。例如你想在臉書成立社團，名稱就很重要，關乎你能吸引什麼樣的人進來，想吸引愛美、重保養的同好者，就取美麗相關的社團名；想吸引對直銷有興趣的族群，直接取名跟直銷相關的名字；如果你是銷售美妝保養品的，就要經常性地PO關於保養、護膚……等這類的知識分享文及小視頻，讓你的好友們喜歡你的貼文，習慣和你互動，當你持續在產出對他們有價值、有幫助的文章，他們也會對你更有信任感，甚至未來選擇你和你一起發展直銷事業。

5 隨機法

就是隨時隨地不忘交朋友。想一想，坐高鐵和坐客運、住大飯店和住民宿、去公園運動和去健身俱樂部運動……會遇到、接觸到的人是不同的，所以你要去想要怎麼去認識更多對自己事業有利的人，如何為自己多製造一些機會，學習怎麼去認識周邊的人，例如搭捷運，選擇坐在誰的身邊你會更有機會與對方攀談問路，到哪兒買東西你會有機會跟對方交換名片或是要到電話，生活周遭處處有商機、處處有人脈，只要有心，一定可以找到你的潛在客戶，開發出源源不絕的人脈。

以下這三種人，你一定要積極認識：

★ **經驗比你多的人：**這類人不僅有豐富的社會閱歷，能幫你分析、了解行業趨勢，更能透過既有經驗，給你積極有用的建議，幫助你做出正確的決策。

★ **關係比你好的人：**這類人通常擁有龐大的人脈圈子，能有效幫助你的事業發展，更能憑藉自身在人脈圈子的好口碑吸引更多的人加入。

★ **實力比你強的人：**這類人不僅自身能力過人，更能吸引優秀人才聚集，既能幫助你聚集優秀管理人才，更能發揮自身優勢成為團隊中的精英骨幹。

直銷人脈如何經營？

有了人脈才能談經營人脈，筆者相信有些夥伴直接陌生開發就能產生業績，但是多數人還是必須從陌生到熟識，而且從陌生到熟識的市場也最大，也最能讓人接受，於是經營人脈是重要的關卡，只要能成為你的人脈就能重複使用、持續跟進，成交的機率也會高出許多。你可以從以下幾方面做起：

1 主動出擊，敢於說出第一句話

面對陌生人，不好意思、閃躲都會失去結交朋友的先機，真正成功的直銷人越是在陌生人多的地方，越要勇於開口，因為誰也不知道，這些陌生人會在哪一刻成為你的客戶，為你創造無限的經濟效益。

2 經營專長，學會分享

交朋友沒有太多技巧，主要還是真誠，如果真有一些技巧，絕對是用你的專長與熱情去交朋友，這世上沒有完美的人，既然是朋友肯定會包容缺點，但我們用什麼讓朋友喜歡你以及感受你的熱情呢？那就是專長，或是你擅長的事。

比如，你很會拍照，就可以教對方如何拍好自拍；你有家傳的涼拌菜食譜可以分享給朋友，或是自家做的獨門料理……交朋友不需要花很多錢，關鍵就是要真誠分享。

而你的分享是要發自內心覺得是對方需要的，是自己用過、體驗過產品的好，當你將好的產品和事業分享給身邊的朋友後，相信的人自然會信，就會替你傳播和分享。所以，是先去分享進而賺到錢，而不是以賺錢為前提再去分享。

③ 真正的關心

真正的關心是開發陌生市場的不二法則。賣產品與推薦事業也必須建立在關懷的基礎上。只有真正的關心才能延伸出更多人脈，永續經營人脈的方法就是「關心」與「關懷」。少了關懷就少了潤滑劑，同時人與人之間的信任感不足，在直銷事業上也很難成為真正的夥伴關係。有一次我和直銷夥伴與她所邀請的朋友一起搭電梯，我發現那女孩滿臉痘痘，但仔細看她的五官是很漂亮的，於是我開口說：「你長得真漂亮。」對方不好意思地說：「謝謝！可是我痘痘好多。」……聊到後來我介紹產品給她，幫她解決她在意的「面子」問題，她也成為了我的忠實下線。

如今社交工具發達，經營關懷不難，我們不需要每天打電話跟朋友聊天，只要透過FB與LINE等工具來關注朋友，有了關注才知道怎麼互動，例如在臉書上看到朋友去吃大餐，可以藉由LINE問對方這是哪兒？看起來好好吃的樣子；在臉書上看到朋友去度假，我們又能藉由LINE詢問這裡是哪裡呀？風景很美，交通方便嗎？然後隨著互動越頻繁，給予多些關懷、問候，一回生、二回熟，次數多了關懷就能成為友誼的橋樑、信任的橋樑，這就是銷售與推薦的人脈基礎。

4 溝通要真誠，交流要走心

見面就提產品，開口就是買賣，只會讓對方覺得你一心想賺他的錢，若是讓他因此對你產生了反感，那你之前的努力都白費了。直銷溝通一定要少說多聽，多了解顧客的需求，經營他的需求，什麼是經營需求呢？其實就是不斷關心對方的需求，朋友的小孩有過敏問題，你關心這個過敏的症狀，時不時發一些相關資訊給他、提醒朋友過敏小孩該如何照顧，偶而送一些過敏小孩適合吃的食物……以關心的方式來做，會讓朋友更能感受到誠意，並在過程中適時地試探性成交，如推薦自家改善過敏症狀的保健品，會有意想不到的收穫。當你做到關心客戶勝過賺錢時，那你離成功就不遠了。

5 人脈也需要維護

一次成交，終身朋友！切勿因人脈不斷擴張，而疏忽了已有的客戶。直銷是很看重重複消費的，產品用得好，客戶自然會再次購買，你若疏於管理和維護，顧客就會選擇其他直銷商。要知道，維護一個老客戶遠比開發一個新客戶簡單得多！而且透過老客戶為你帶來的轉介紹，會令你越做越輕鬆。

把人脈經營成錢脈

要想創造高收入，人脈很重要，需要不斷開發人脈，才能促進事業的長遠發展。因為你的收入多寡全靠你拓展了多少人脈圈而定，所以你要喜歡接觸人群，而你需要努力的方向就是如何提升與人溝通的技巧。與人交往的經驗值累積越多，你就越容易培養更多的忠誠客戶與下線，當然收入也就隨之節節升高。

以下三個方面為大家聊一聊直銷人脈的搭建！

直銷人脈如何累積

直銷作為銷售的一種，如何去累積人脈，如何去把握人脈的方向，可以從以下三點做起：

① 梳理好你的關係網

每個人都有屬於自己的關係網，先認真地將自己的關係網絡畫成圖，在這個關係網絡圖中，你要做好標記，哪些人可能成為你的直銷客戶，哪些人能夠成為你的直銷事業夥伴，哪些人能夠給你帶來更多的、更廣的人脈圈子，都要有所掌握。

② 熟記一些「特殊情況」聯繫你的人

將那些你覺得可以發展成你的直銷客戶、直銷事業夥伴的人，熟記他們的生日、他們家人的特殊嗜好等一些特殊日子以及他們的喜好，如此一來，當你這個潛在對象特殊日子來臨時，就能夠知道怎麼進一步、深一點地與他開展一個接一個他感興趣的話題。

③ 持續地加人、跟進

每天都要發展新的朋友關係，所以每天要通過線上、線下走訪跟進，加一些人作為自己的潛在目標對象，並且不要讓這些人成為殭屍粉，要讓這些人能夠成為自己的粉絲，有效地進行溝通，爭取早一天轉化為你的客戶或下線夥伴。

「一個人能否成功，不在於你知道什麼，而是在於你認識誰。」平時一定要養成主動拓展人脈的習慣和能力！人脈的擴展，你必須採雙線經營，一方面開發新客戶，一方面從老客戶中找到對方需求，鼓勵對方成為下線並轉介紹。

在每一次的接觸中，都要把握機會多做互動，若是參加發表會、酒會或是婚宴場合，可以提早到現場，那是認識更多新朋友的機會。另外，獅子會、扶輪社、青商會、同濟會……等社團每年都能吸引各界人士參加。它們被視為拓展人脈的黃金平台，也可以參與一些與個人嗜好有關的社團，是學習拓展人脈的好機會。

經由參與社團活動，人與人的交往將變得水到渠成，在自然的情況下就有助於建立情感和信任。那些場所只是幫助我們建立起跟他人之間的連結，但不代表你和他彼此就是「有關係」的。要讓兩個人產生實質上的連結，利用溝通和讚美來建立彼此的「微信任」，這才有可能稱得上是可運用的一條「人脈」線。參加活動，要多與他人交換名片，利用休會的空檔多聊聊；或是出國旅遊跟團，在外出旅行過程中，善於主動與團員閒聊、溝通等，就有機會結織更多元的人脈。魔法講盟也獨創論劍活動，以大自然為課堂教室，讓學員在山林間，開闊不一樣的視野外，人脈也不斷延伸。此外，知慧型立体學習體系會在國寶級大師王晴天每年生日之際，舉辦真永是真．真讀書會生日趴

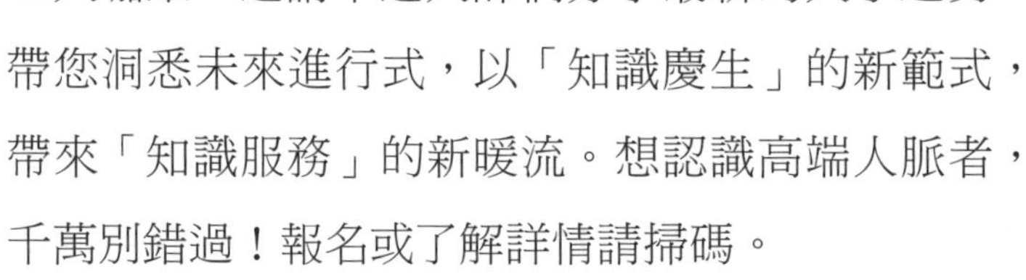

＆大咖聚，邀請牛逼大師們分享最新的大小趨勢，帶您洞悉未來進行式，以「知識慶生」的新範式，帶來「知識服務」的新暖流。想認識高端人脈者，千萬別錯過！報名或了解詳情請掃碼。

怎樣才能連結到更厲害的直銷人脈？

因為直銷是打團體戰，比的是誰的組織大又穩，就能夠更好地開啟事業，那麼要想連結到更厲害的直銷人脈該如何做呢？

1 去參加高品質的培訓大會

如果你有機會去參加一些要收費的培訓大會時，就千萬別錯過，因為這些需付費的高端直銷培訓大會，不僅僅帶給你直銷趨勢、直銷

前景、發展直銷的話術技巧與知識，更重要的是在這裡你可以與那些在直銷界鼎鼎有名的人直接產生了連結，擴充你的高端人脈。

② 加入高質量平台，打開直銷窗口

在網路和電商的普及帶動下，直銷商更應該積極透過裝點好自己的網站，吸引一些有意思的、有品質的人脈，還要懂得去加入一些能夠帶動自己直銷事業發展的平台，建設好自己的事業平台，積極主動地向外面打開展示自己的一扇窗，連結高品質人脈。

你強大起來，你的世界和圈子也就會跟著強大起來

無論是你通過怎樣的平台連結了怎樣的人脈、發展了怎樣的圈子，想要繼續發展壯大，就一定要讓自己足夠厲害、強大起來。

交流、互惠都是建立在彼此平等的基礎之上的，或許剛開始你只是保持著一種要結識大咖的姿態去連結了這樣的一個厲害人物，但若是後來你不能給他們帶來足夠的吸引力，不能用你的能力、個人魅力讓他們對你刮目相看，沒多久你就會被他們推出他們的朋友圈之外。因為這是一個價值交換的社會，每個人時間有限，沒有人會為了一個陌生人浪費自

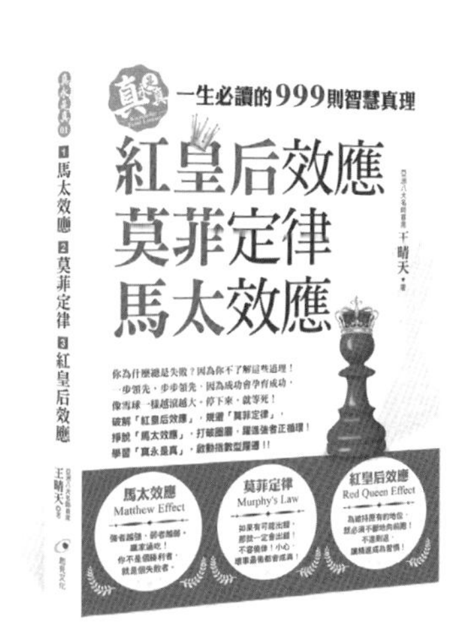

己太長的時間和精力。所以，如果你希望你的團隊很強，那麼你自身就要足夠強，這樣你才有可能吸引到更強、更優質的人加入你的事業。

 如何讓人脈變成你的客戶與下線？

我們開發了新人脈、新客戶，當然也要想辦法培養老客戶成為下線。

通常客戶的性質大致可分成以下四大類——

1. 客戶是陌生拜訪來的，宜先採取純粹聊天聯絡感情。
2. 對產品有興趣的準客戶，提供產品資訊並搭配產品試用。
3. 客戶接受並認同產品，則再進一步深入介紹產品，引導其對直銷的內容產生興趣。
4. 客戶有意願經營直銷，有潛力成為下線，開始為他安排各類培訓課程與分享會。

一位在直銷界極為成功的人士指出：「我們不會一開始就問他有沒有興趣加入直銷當我們的下線，而是關注他們的生活，如果他面臨事業上的瓶頸或是生活上的困境時，才提供直銷機會給他們參考。」

從事直銷從斜槓兼職開始做即可，先一方面維持一份固定的收入，一方面慢慢培養人脈，等到人脈圈變廣，個人業績收入也達到穩定程度時，再轉成正職，全力衝刺下線的經營。要雙線進行才能不斷累積財富，下線越多，你的獎金就會越多，如果下線又發展出他自己的下線網絡，就能讓自己的收入自四面八方累積而來，創出被動收入之源，向財務自由之路邁進。

經營客戶成下線的原則如下：

★ 不要頻繁跟進，緊迫盯人，這樣不僅容易招致客戶反感，讓有意要購買產品或有意願加入事業的客戶打退堂鼓，更容易讓自己進入客戶的黑名單中，從此再無跟進可能。

★ 從關心做起，傾聽身邊周遭朋友與客戶在工作與生活上面臨的困境，提供解決方案。少說多聽瞭解客戶對產品和事業真正的訴求，你才能根據客戶個性化的需求推薦適合的產品和事業方案。

★ 直銷重在分享，而做好分享就要先瞭解客戶需求。做到恰到好處的推薦與分享才能真正贏得客戶的心。當你瞭解到客戶需求時，為對方做好規劃，如果附上具體的施行方案，對方一定會更加有意願參與進來。

★ 直銷產品大多是重複消費品，如果客戶在成交後對產品和服務滿意，自然會主動再回購，若是這一塊沒有服務好，即使產品獲得了認可，客戶也有可能轉而向公司其他直銷商購買，因此做好客戶維繫就能穩定消費群。同時，老顧客產品用得好，事業經營得好，在客戶維繫中就能深度挖掘其背後更大的人脈市場，通過老客戶找到新人脈，這比自己尋找新客戶要輕鬆多了。

★ 產品示範與說明是直銷OPP說明會的敲門磚，在產品銷售的過程中有著極為關鍵和重要的推動作用。通過各方面的經驗與交流，發現產品示範做得好，產品不僅好賣，要成交他成為你的事業夥伴也會相對容易許多。

★ 善用ABC法則，A就是上線，B是你自己，C是潛在客戶，B（你）帶著C來聽A的說明與分享，或聽台上的講師說明，借力使力，借著氛圍造勢及信任度的加持促使C成交。人們會被成交，主要的重點在於信任，但是B沒有專業，所以成交的關鍵在於對講師或上線的信任。

★ 特別關注經營那些經驗比你多、關係比你好、實力比你強的人，因為透過與他們保持良好的關係，能為你帶來更多高端人脈。他們不僅有豐富的社會閱歷、瞭解行業趨勢，不但自身能力過人，更能吸引優秀人才聚集，擁有龐大的人脈圈子，能有效推動你的事業發展，更能憑藉自身在人脈圈的好口碑吸引更多人加入。

快速贏得信任

做直銷，人氣決定財氣，會做人才能賺錢，賣產品不如賣人品。一般來說，你的形象魅力來自兩大方面：一是你個人的形象號召力。

二是對產品／服務的專業度。個人的形象號召力能讓客戶不由自主地跟隨你的腳步，聽取你的建議。對產品／服務的專業了解度，表現在業務員對自己的產品與服務專業度要夠，要重視對產品形象的塑造，積極鍛鍊自己塑造品牌的能力。客戶都不傻，如果你能從關心你的產品變成關心客戶的困難、風險、利益等等，信任感立刻就可以建立起來了。因為這時你已經從你的船上跨到了客戶的船上，你和他就變成了利益共同體。

要讓別人信任自己，就要讓自己成為專家。一般來說專業的業務員較能快速得到客戶的信任，因為客戶都是期待能體驗到專業的服務，有人能替他們解決問題，而不是一個報價機器，或滿腦子想賺錢的貪婪鬼而已。所以，你必須讓客戶覺得你是可以信任的專家，你是用產品或服務來幫他解決問題的顧問，而不僅是只會銷售的業務員而已。若想成為客戶的購物顧問，就應該替客戶解決相關問題。

如果你是賣保健食品的，就要能根據客戶個人狀態和生活環境推薦最適合客戶需求的產品，並解決客戶對產品的疑慮；如果你是賣健康用品的，就應該知道這個產品的材質、技術核心，以及如何使用、保養等，讓客戶在選購時，能得到更多的知識，更有信心。根據我的經驗來看，經營直銷如果想要讓組織快速發展的話，一定要做好以下幾件事：傳遞正面的訊息、借力使力、以身做則帶著組織跑、百分之百複製。所以你還要引導每一位下線都跟你一樣地不斷學習、重複學習，他們的知識就會不斷的倍增，專業能力與說服力也會不斷提升，

慢慢走上「專家」之路。而當你的事業體系充滿著專家時，還愁賺不到財富嗎？

此外，若是能證明自己是業內的權威領袖或名人就能快速取得客戶的信賴感。那麼要如何證明你是業內的權威或業內的領袖呢？

答案是出書或公眾演說，透過出書或公眾演說等管道能快速讓客戶認識你，你能出一本書談某個專業；你能上台演講，就能證明你具備某一方面的權威，這樣你就很容易得到陌生人或潛在客戶對你的信賴感。這也是為什麼產品代言都找明星，因為大家都認識他，所以只要找他代言就很容易取得共鳴。

簡言之，只要你被公認為某一領域的專業人士，那你就比較容易取得他人的信賴感。所以，如果你想快速成為某專業的權威或名人，趕緊找一個你有興趣的領域，選一個主題認真努力地去學習、去上課，鑽研到精熟，然後針對這個主題寫書或開課，這些魔法講盟都能協助你完成。等你成為權威或名人之後，你就能獲得眾人的信賴感，這樣生意自然就好做多了，而且即使你只是某個領域的權威或名人，在其他領域做生意依然很好做，據統計，保險業務員在推銷別的產品時比一般人好做十倍。保險業務員本來是賣保險的，當他也兼著賣別的產品時，例如鍋子之類的，為什麼也很好賣？因為保險業務員較有機會到客戶的家中拜訪，因而可以輕易地推薦一些器具或民生用品，再加上他的客戶信任他，所以成交率是一般人的十倍以上。

想成為公眾演說高手必須做到三個放下：放下面子、放下架子、放下包袱。公眾演說是可以透過訓練和練習而成功，而出書出版班我們有專業的指導課程並保證出書，這兩個課程「智慧型立体學習體系」每一年也都會在兩岸分別舉辦，不敢說是市面上最棒的公眾演說、出書出版班課程，但絕對是CP值最高，保證有成效的課程，歡迎您來報名！

有效增員的秘訣

一個人的事業發展到一定的規模，就需要組建一個團隊來維護，直銷也是如此。直銷就是一個複製的概念，是一個比誰在同時間有最多人做同樣的事，當你的組織越多人在複製相同的事，你的組織就越穩固。

組織行銷真正的重點，不是在你推薦了多少人，而是你複製了多少真正想經營的夥伴，團隊成員之間協同合作、並肩作戰發揮集聚效應，把健康的理念傳遞給更多的人，這是組建團隊組織行銷的根本目的。因此，你完全不需要像業務一樣，為了業績去成交非常多人，你要專注的是輔導真正想經營的夥伴，讓夥伴也有能力複製夥伴。

很多沒信心的直銷夥伴，都抱持著增員不易，有人要來就已經不錯了的心態，而不自覺地擺低了自己。這是不健康的，我們是在分享一個事業機會，是我們在為對方考慮，而不是對方在為我們考慮。你完全沒有必要對客戶卑躬屈膝或是哀求他加入的，因為你介紹給他的是一個好項目、有價值的，對他有利的，對方沒興趣，反而是他的損失。

經營組織行銷，最重要的不是賣產品，而是「傳播理念」。傳播一種觀念、一種資訊，透過激發潛能與不斷充電，用分享與同理心組織成員大家一起吸收專業知識，共同成長，增員才會無往不利。其主要傳播的理念，離不開以下三大方向：

分享好處

直銷一開始產生的初衷其實是自己用了產品，覺得效果好，確實體驗到產品帶來的好處，再推薦分享給親友們使用，經由分享優質可靠的產品，向客戶傳遞養生保健的健康生活理念。在分享健康、好處的同時，也分享賺錢的機會，利人又利己。若用一句話概括—直銷是對健康產品的分享、養生保健觀念的傳播、實現人生價值的事業。

不用工作也能有收入——被動收入

所謂被動收入，指工作行為停止時，你還是有收入進帳。主動收入就是需要你每天花時間去做，有花時間才有收入，一般的上班族普遍都是這個類型。所以一旦遇到生病、意外事故、被裁員……等無法靠工作維持生活時，擁有一份被動收入可以降低意外的打擊，不用為家人的生計煩惱。

組織行銷提供的就是這種被動收入模式，因為大多數的直銷產品都不是一次性產品（如家具、家電等使用期很長的），通常是消耗品、短期內會有購買需求的產品，如清潔用品、健康食品、化妝品等……

有一定的使用週期，加入成為會員的消費者都能獲得一定的折扣；當我們將產品努力地分享出去，透過貼心周到的服務讓消費者成為產品的忠實客戶，隨著每隔一段時間的重複回購，我們就能不定時享有這具有延續性的多次收入。此外，在經營組織行銷，建立團隊的同時，一旦將夥伴培養成為下線領導人，組織的發展擴大，便能享受整個組織回饋的被動收入，而不會因為個人時間與體力，限制了可能創造的收入。

不為五斗米折腰——財務自由

什麼是財務自由呢？網上查的官方定義是「財務自由，指一種讓你無需為生活開銷而努力為錢工作的狀態。」也就是你即使不工作，也能靠一些投資收益與被動收入而自由自在地生活。

當你不工作時，仍有持續現金收入來維持生活所需，你就不用再為錢工作。什麼是現金？什麼是現金流？一個是靜態的現金交易，一個是動態的現金流交易。一個好的商業模式，就是把商品設計成為客戶可持續購買的行為，變成現金流收益，或開發出具有持續回購的其他衍生產品。把一次性的現金交易變成持續性的現金流交易。最好建構一個持續收入的系統，它可以是一個直銷的系統、保險的系統、收租金的系統、收股利的系統。唯有幫自己創造定期、持續、穩定的現金流，才能夠讓自己得到所謂的財務自由，擁有更多自由去享受屬於你的人生！

有自動化收益支撐生活，讓你可以不必為生活開支而煩惱，只要控制好風險和開支，你就可以去做自己喜歡的事。而這又和你有多少錢並沒有關係，只要被動收入≥生活支出，就達到了財務自由。

為什麼經營直銷最重要的不是賣產品，而是「傳播觀念」，因為與其去說服別人，不如理清他的觀念，這比什麼都來得有效。所以，任何事情都要從觀念去做切入，畢竟在教導別人當中去成交，是最能達到事半功倍的！

破解人們抗拒直銷的借口

直銷事業既然是能幫助人們改變生活、實現夢想的「無風險創業模式」，為什麼還是有那多人抗拒這個創業致富的好機會？

人們對於不了解的事情，一開始總是抱著抗拒與排斥的心理，尤其當他們受到外在錯誤訊息影響時更是如此，所以就要去破解他們的疑慮點，導正他們的認知，讓他們不害怕做直銷，也不會因為別人做不好而擔心自己也做不好。

以下提出幾個人們抗拒做直銷的反對意見，針對不同的反對意見，有不同處理意見的話術，教你如何化解人們對直銷的偏見與誤解。

我憨慢講話

有人說我不太會說話，做不好直銷。真是這樣子嗎？直銷不是比會說話、比口才，而是要能分享自己的真實感受、心得給身邊的人。

「講實話」應該人人都會，當你吃到好吃、道地的日式拉麵、很不錯的私房景點，你會想分享給你的親朋好友，看了一場很棒的電影，一本好書，會推薦給還沒看過的人。而直銷其實也是這樣的，只需要你把你對直銷的感受與使用效果與朋友真誠分享如此而已。

重要的是你只要將產品的好處及事業的機會告訴你的客戶就可以了，好的產品大家都會喜歡，好的機會大家都願意把握，只要說真心話就足夠了。

所以你還認為直銷一定要有好口才嗎？只要你能讓人感受到你的誠意、關心，一樣有成功的機會，所謂一回生、二回熟，口才也是可以訓練出來的。沒有人天生就很會說話，台上的演講大師也不是一下子就能出口成章，那是他們背後演練了無數次的結果！

當你走入這個事業，親身參與並深入了解直銷的產品及制度，你一定也能介紹得很有條理，因為你分享的是你所熟悉的產品，你喜歡的事業，你真心希望別人也能體驗到你的快樂、自由、富足。而且只要你使用了產品，深深體驗、認識之後，就能讓產品成為你的代言人，因為產品自己會說話，只要產品切合消費者需求，令他們滿意，就會自動替你拉住人。

我沒有錢

其實不是沒有錢，而是沒有賺錢的腦袋。出社會工作好多年了怎會沒有錢呢？其實是有的，只是被你花掉了。

你將賺來的錢花費在不會給你投資回報的事情上面。花在吃、喝、享樂上，或只知道存錢，讓每年的通貨膨脹把你的錢給貶值掉了。沒有把你能運用的錢做最佳運用，放大它的價值，於是收入就這樣入不敷出，每月當月光族。

所以正因為沒錢，才要趕快想個因應對策！經營直銷事業啟動資金少、零風險，可累計、可倍增……。簡單、易學、好做，只要你有決心和行動力，想在直銷裡賺到錢並不難。

我朋友不多

我們先試想一下，如果你下個月就要結婚，你會請幾桌？如果請10桌不就有100人……。你的朋友、家人、同學之中是否有想多賺點錢改善生活的，因為每個人都會追求身體健康、家庭美滿、財富自由等生活，而想賺錢增加收入的人也很多，如果你坐下來仔細想一想，會跑出不少名單，可能你平常較少和他們在一起，所以一時沒想起。雖然你認識的朋友不多，但是他們當中一定有一些非常具有發展潛力，只要你照著正確的方法去做，加上團隊的力量，一定還是能獲得極大的成功。

沒有朋友，也沒有關係，只要你有心交朋友，其實所謂的陌生人只不過是還沒認識的朋友。有很多經銷商去對岸發展、去東南亞發展，人生地不熟的，仍然發展得非常成功，其實你說朋友很少，不過是一下子想不起來吧？

直銷事業其實是可以幫助你找出舊朋友、結交新朋友，只要持續做，就一定也可以改善人際關係。因為直銷是拓展人脈最快的管道，你至少有十個朋友吧！透過這十個朋友可以延伸出更多的朋友。直銷是個「人與人」的事業，你只要有幾個朋友，再從他們那裡發展、挖深、拓廣，你就能將直銷事業經營好。

人脈網絡的建立本來就是慢慢日積月累的，剛好利用這個機會，善用網路並跟成功者學習，學學他們為什麼能建立這麼廣的人脈，以及將這些方法運用在自己的身上。

我很忙，沒有時間

你要忙到何時，才可能不那麼忙？相信你的收入也不錯吧？但是你每天都這麼忙碌，何時才有清閒的日子享福？相信你也不願意忙一輩子！你這麼忙，能賺到你想賺的錢嗎？相信你也不願意白忙吧！

也許你真的很忙，但是如果你在了解並認同直銷事業的未來發展空間，你一定很樂意擠出時間來追求有錢有閒的生活方式，因為你希望過有錢有閒的生活嗎？

我最喜歡找沒空的人，因為忙碌的人也是最努力打拼的人，直銷最適合這種人。想不想利用你的零碎時間，來創造一個事業的備胎？你認為直銷需要多少時間呢？其實每天只要撥出看電視、睡懶覺、和人聊五四三的時間，就夠了。直銷事業最吸引人的地方就在於它相當的自由與彈性，可以根據自己的情況來調整生活的重心與時間的分配。

剛開始可以用兼職的方式嘗試經營，等到更進入狀態或是更有把握時，再投入較多的時間。世界上有八成的人都是在賺「有做才有錢，沒做就沒錢」的「短暫性收入」，所以永遠沒有時間去享受美好的人生。直銷事業是要我們利用下班後閒暇時間，只要花幾年的時間去建構一套「持續收入系統」，就能把自己後半輩子的時間賺回來，不用再廉價地出售給老闆了。

你羨慕別人能賺大錢，卻沒有看到人家背後的努力，不知道學習別人好好把握時間創造價值。別人認真地運用零碎時間，而你是在看網劇、韓綜；別人在努力學習時，而你在玩遊戲虛度時光。再沒空，也能介紹親朋好友使用， 關心親朋好友的健康。而你只要利用閒聊、零碎的時間，投資在直銷事業上，成功之後，你將會有更足夠的時間去做你想做的事。

我對直銷沒興趣

那你的興趣是什麼？度假旅遊、吃美食、享受生活？我想這也是大家的興趣，但沒錢拿什麼享受生活！現實問題必須先解決，想做自己喜歡做的事情之前，必須先做該做的事，賺到足夠讓你享樂的錢。

直銷就是為了能早日實現有錢有閒的生活方式，然後依自己的興趣過日子，實現自己的夢想。很多人都是因為不了解而不感興趣，相信只要你了解到直銷的真相及潛力，你一定會有興趣來從事的。評估一個事業，重點在於這個事業是否真的能為你創造收入，同時擁有夢想，而不是由興趣決定，你說是嗎？

我不喜歡推銷

直銷不等於推銷，直銷事業是口碑相傳，「用好倒相報」，直銷商和推銷員最大的差別，它的關鍵在「分享」，通過自身體驗分享「好的產品」、「好的觀念」甚至「好的改變機會」。假如你覺得某部電影好看，你會不會介紹親友去看呢？這就是分享，你認為公司的產品好或者事業棒，為何不能介紹給親朋？只要你能將好處有信心、勇敢地講出來就可以，這樣一傳十，十傳百，這就是直銷的魅力。

如果你的朋友或父母或你身邊的人身體出了問題，而你知道某個產品可以幫到他們而主動推薦，那就是在做直銷。我們親身體驗產品的好處，將自己的感受，分享給朋友，讓我們的朋友也獲得身體健康的改善，不用挨家挨戶去推銷，只需持續地服務、關心就可以了。我們做的是人幫人的工作，你只要做好產品說明並對顧客真實分享你的愉快經驗即可，買不買是由顧客自己決定的，並不是求著對方買！心態對了，一切就對了。

做這個覺得很沒面子

面子不值錢，沒有錢才沒有面子。我剛開始做的時候，也覺得很沒面子，感覺這是上不了抬面的工作，後來我才發現有很多專業人士、名人、老闆級的也在做，深入了解才知道直銷是很有發展前景的大生意。

我們不是求人，而是在提供賺錢的機會，幫助需要的人，所以跟面子扯不上關係。直銷是一個正正當當的事業，等著你來發展，就像開創其他的事業一樣，而且直銷事業裡沒有失敗的顧慮，只要你願意學習、付出，一定可以成功，那時你就真正很光采、有面子了。

不好意思賺朋友的錢

做生意的最高境界是：客戶都是朋友，朋友也是客戶。如果你開了一家店，是不是也會廣邀朋友來捧場？如果你覺得你店裡銷售的產品是你精挑細選的，是不是也會想讓親朋也能使用到這樣優質的產品呢？所以如果我們很誠懇地推薦朋友使用產品，仔細地告訴他，產品的一切功效與使用方法，並且做好一切應盡的服務，那麼有什麼不好意思的呢？

換個角度想想，如果能讓朋友身體健康，賺他一點點小錢，並且讓他因此賺大錢，這樣朋友會怪你嗎？我想你的朋友感謝你都來不及，又怎會怪你呢？把好東西分享給好朋友，並不是故意要賺朋友的錢，而是為了朋友的健康，把好東西告訴他，當你介紹這麼好的產品與成功機會給你的朋友，他只需要付出這麼少的代價，你是幫助他「賺錢」，幫助他在直銷成功，而非「賺他的錢」，這是做好事啊！

你願意你的朋友以較高的價錢買品質較差的東西，還是用較少的錢買較好的東西？比較一下、思考一下，你會發現這個心理障礙全都來自於你心理因素的誤導。我們的產品，都是日常生活中的必需品，這些東西朋友們平時本來就需要購買使用，這些東西的利潤，都被雜貨店、便利商店……等的老闆賺去了，與其讓陌生人賺到錢，為何不給自己人賺？何況推薦優良的產品，又有完善的退貨退款制度，你的朋友並不吃虧，反而是很大的保障啊。

直銷如果真那麼棒，那你賺了多少？

你可以這樣回答：我能賺多少？或是已經賺了多少，對你而言，並不是非常重要的，最重要的是你想賺多少錢？你能不能在這裡賺到錢？直銷是一個立足點公平的好事業，你想賺多少，就要付出多少努力，只要播種就一定有收穫。此時，就要請對方說出他的想法，然後說：「那麼我們開始計畫吧！」

你還可以這樣回答：你認為我應該賺多少錢？而你認為應該賺多少錢才值得你來做直銷呢？我可不希望等我賺很多錢的時候才把這個事業介紹給你，因為這樣會耽誤你成功的時機，作為朋友，我也不想被你埋怨，有錢大家一起賺多好！

直銷都是上線賺下線的錢！？

直銷是倍增市場的制度，如果上線沒有賺錢，那直銷的倍增市場就不成立了，今天你是別人的下線，明天就是人家的上線。上線協助下線創造業績而領取獎金，就像「總店」或「業務主管」獲得一定獎金和利潤，本來就是合理的狀況，何來「上線靠下線賺錢」之說？

一般人會有這樣的誤解，是因為他們沒有計算經營事業的「間接成本」與「機會成本」：也就是只看到上線領的獎金，卻沒有看到上線對下線的付出，不懂得公司發放一定獎金給上線，是為了讓上線更願意花時間和精力來幫助下線，對下線們來說可以節省時間創造更大的業績。

上線要輔導下線，教他們產品知識、銷售技巧，陪他們去銷售推薦，對付出努力把組織做大的上線而言，其花費時間和心力去追求組織獎金是合理的報酬，而且透過這種獎勵可以幫助夥伴創造更多業績和賺更多的錢。

其實你也可以這樣反問他：一個公司的總經理領二十萬而一般員工領三萬，總經理多出來的十七萬是為什麼呢？因為要領導整個公司協助員工創造佳績，難道是總經理賺員工的錢嗎？

現在加入太遲了，早做比較有利

或許在你認識的人當中有些人已經在做了，但早加入不一定先成功，主要還是看個人努力的程度，做任何生意都一樣，並不是先做就一定成功，每一個時期都有機會，最重要的是懂得如何做和真正去做，直銷事業是非常公平的，成就決定於您的付出與努力，不是誰先做就贏，而是只要做就有機會，認真的學習、持續努力去做，一定會贏。再加上我們從成功者身上所汲取的經驗，令我們對新加盟的直銷夥伴有更好、更完整的訓練，讓事業比以前更容易做。

另一半反對或家人反對

有很多做直銷成功的人，剛開始時都曾遭遇家人的反對，反對的理由可能是他們根本不瞭解，假如有機會的話，可以請他們來了解一下。最重要的是，你對這個事業的瞭解有多少？如果你認為從事這個事業對全家都有好處的話，你必須堅持做下去，而且你的成長或改變也可以改變你另一半或家人的想法，甚至與你一起共同發展這個事業。

如果你的主要考慮是在於他人的看法，那麼你可能永遠沒有成功的機會，因為你對事情的判斷是建立在別人的意見上，而沒有自己的主見。你想想看，為什麼在美國等先進國家有這麼多人經營直銷事業？甚至包括許多高端人士如醫生、律師、會計師以及中小企業主。如果直銷真的這麼不好，如何能發展到今天的局面？你的親友只是因為一時的誤解而反對。等到你開始經營，帶給他們正確的觀念，他們就會因了解而支持你。只要讓家人和親友看到你的正向改變，你通過直銷事業的經營變得更積極、更正向、更努力，讓他們看到這個事業帶給你的價值，自然就不再排斥了。

國家圖書館出版品預行編目資料

642財富大躍遷 / 王晴天, 劉秝福, 翁承旭, 曾衣宸
唐子林, 溫世君, 黃光啟合著. -- 初版. -- 新北市 :
創見文化出版, 采舍國際有限公司發行, 2023.06
面 ; 公分--

ISBN 978-986-271-969-5 (平裝)

1.CST: 行銷 2.CST: 行銷組織 3.CST: 職場成功法

496.5 112006285

642財富大躍遷

本書採減碳印製流程，碳足跡追蹤，並使用優質中性紙（Acid & Alkali Free）通過綠色碳中和印刷認證，最符環保要求。

創見文化 · 智慧的銳眼

作者／王晴天、劉秝福、 翁承旭、曾衣宸、唐子林、溫世君、黃光啟

出版者／智慧型立体學習 · 創見文化

總顧問／王寶玲

總編輯／歐綾纖

主編／蔡靜怡

美術設計／ Maya

台灣出版中心／新北市中和區中山路 2 段 366 巷 10 號 10 樓

電話／（02）2248-7896　　傳真／（02）2248-7758

ISBN ／ 978-986-271-969-5

出版日期／ 2023 年 6 月

全球華文市場總代理／采舍國際有限公司　　新絲路網路書店 www.silkbook.com

地址／新北市中和區中山路 2 段 366 巷 10 號 3 樓

電話／（02）8245-8786　　傳真／（02）8245-8718

王晴天

傳奇製造者・知識服務BM推動者

三十年來，王晴天博士同時奠定了經營知識服務業與其為史學權威大師之地位，被稱為台版邏輯思維，也是亞洲八大名師首席，在兩岸創辦采舍國際集團等12家企業。為台灣知名出版家、成功學大師和補教界巨擘。

獨創的「創意統計創新學」與「ARIMA成功學」享譽國際，被尊為當代的拿破崙・希爾（Napoleon Hill）。深入研究「LT智能教育法」，並榮獲英國City & Guilds國際認證。首創的「全方位思考學習法」已令數萬人擺脫傳統填鴨式教育，成為社會菁英。

王晴天大師曾多次受邀至北大、清大、交大及香港、新加坡、東京及國內各大城市演講，獲得極大迴響。現為北京文化藝術基金會首席顧問，是中國出版界第一位被授與「編審」頭銜的台灣學者，同時擔任世界歷史學會台灣分會會長，並榮選為國際級盛會——馬來西亞吉隆坡論壇「亞洲八大名師」之首，被喻為台灣最有學識的人，以其高IQ的智慧型輸出模式，更成為了門薩俱樂部台灣地區掌門人。

王晴天目前是大中華區培訓界超級名師，國際級課程B&U與WWDB642全球主講師。兩岸三地創辦12家成功且持續營運之企業體。對企業管理、微型零風險創業、行銷學理論及實務，多有獨

到之見解及成功的實務與文案經驗。台灣全部營運房舍及大陸主要營運房舍均為自有。除了圖書出版外，還引進發行ef、ff、sure等雜誌國際中文版，更在中國大陸合作發行瑞麗等時尚雜誌。於兩岸文化出版及知識服務產業有極大影響力。

2021年主講〈真永是真〉等真讀書會人生大課，為迷航人生提供真確的指引明燈，成為華語華文知識服務KOD&WOD之領航家！《真永是真》系列叢書共333鉅冊，比美清朝的《四庫全書》與明朝的《永樂大典》，再創出版史之高峰！

多年來，王晴天一直在從事著知識型及智慧型服務，營運項目主流為NEPCCTIAWSOD，分別說明如下：

NFT&NFR：NFT即Non Fungible Token之縮寫，王晴天領軍之元宇宙企業團全球首創將書鑄造成NFT&NFR，目前是台灣最大NFT發行&經銷總代理商，為目前台灣上架NFT平台最多的公司。

E-Book電子書：早在上個世紀90年代，王董事長就在兩岸領導第一波的電子書製作與發行相關研發。疫後時代，E-Book進一步帶起閱讀新契機，目前已發行電子書數千個品種。

Paper紙本書：王晴天建構全球華文最大的出版體系與專業發行網，擁有最完善的行銷網及最高的書籍曝光度，打造個人IP&文創品牌，出書已逾萬種！

China簡體版：積極推廣簡體版權，與內地中國出版集團合作，獨資或合資設立文化公司，建構華文單一出版市場。

Channel影音說書：致力推廣優質好書，讓聽眾用閱聽看就能飽讀群書。〈新絲路視頻〉影音說書頻道點閱破千萬人次！

Training培訓：開設保證有結果的專業培訓課程，已開課千餘種，全數

納入【藏經閣】，是目前華文培訓界最大的影音資料庫。

International 國際版權：AI跨語種翻譯技術越發成熟，能快速且正確的大量翻譯各國語言，將國際版權銷往全球市場，已超越全球最大的〔古騰堡跨語種書庫〕，成為華人華文之光！

Audio book 有聲書：Podcast及audio book系列有聲書之經營，以《用聽的學行銷》及《成功 3.0》最知名，暢銷海內外。《真永是真》系列則一直高據博客來有聲書暢銷排行榜冠軍！

Writer 暢銷書作家：提供華人出版界最全方位的資源!!傳授素人出書一定要知道的潛規則，打造屬於你的超級暢銷書！已培養作家千餘位。

Speaker 國際級講師：史上最強！國際級講師育成計畫！透過完整的講師訓練系統培養，把您當成世界級講師來培訓，讓您完全脫胎換骨成為一名超級演說家！兩岸百強PK大賽則知名於全球華人世界。

Other People's Something 借力眾籌：集眾人之智・籌眾人之力・圓眾人之夢，助您借大咖的力，借平台的力，匯聚人脈、商機與金脈！且平台開放，可將您的產品銷往全世界！

Direct Selling 學習型直銷體系：2022年創辦智慧型立体學習體系，倡導【邊學邊賺】不屈不惑的人生境界，短短數月即有數十位加入者月入百萬！

歡迎大家一起來共襄盛舉，再創下一個奇蹟！

翁承旭

人脈大師．
創業家富翁製造機

二十年網路行銷創業經驗，打造一支手機複製貼上就可以發展全球市場的商業模式，將人際網路與互聯網完美結合打造全球百萬人團隊，化繁為簡的系統讓學員立即學習、馬上收益！

你想知道如何用一支手機開發全球市場？讓各地的財富自動流進來嗎？

你想知道一名內向害羞的宅男如何站上千人的舞台培養出上千位講師嗎？

2006年他被公司詐騙淪為「千萬負翁」，三年時間透過人脈培訓還清債務。

2009年他到中國內地發展用微信累積粉絲，靠流量變現全款購置22套房產。

2016年他用五萬元開始創業，透過一支手機打造全球跨境電商建構網絡團隊，九個月內賺進一個億的收入，打破行業紀錄！

2022年他的團隊已經遍佈全球十多個國家地區，人數超過百萬，最高一天日收入十五萬美金，七年累積收入超過三千萬美金，培養出十位可以日入百萬的超級領袖，以及讓上萬個家庭日入萬元步入小康，

不斷朝向共同富裕的目標邁進！

他是充滿使命感的富翁製造機，培養無數小白成為事業有成的創業家！

他的使命是「幫助一億人年輕健康多活二十年，百萬人日入萬元」！

專業經歷

★ 財富女神股份有限公司總經理
★ 101日入萬元系統執行顧問
★ 白手起家從負債千萬到身家十億
★ 專長IP打造／數位引流／流量變現
★ 一支手機創業打造全球百萬人團隊
★ 組織千人講師培訓讓上萬人日入萬元
★ 打造「財富女神」IP出書、成為明星企業家
★ 打造「萌獸麥可」IP六千萬流量，拍電影，上新聞媒體、雜誌，千萬代言

招牌課程

人脈管理課程 ▶ 把人脈變金礦
超級講師班 ▶ 批發式銷售演講
流量變現 ▶ 把手機變成印鈔機
企業家培訓營 ▶ 組織領導力

劉秝福

直銷業傳奇，圓夢總教練

你能想像嗎？

沒有條件的少林足球隊在他的打造下也能成為夢幻團隊，一個月的時間改變行為模式，實戰的操練，每個人都能有飛躍的成長跟突破，他的使命是把自已的能力復製給一百個人，成為金牌教練，實現夢想，引爆奇蹟。

二十歲踏入直銷業，從直銷商到領導人到領袖，到自己開直銷公司，把直銷當成終身志業，從金牌選手到金牌教練，幫助平凡人一步一腳印，從基本功開始說給你聽、做給你看、讓你試試看，打造月入百萬團隊168成功系統！

如今的他只想從第一名的選手，晉升為最好的教練，致力於將這些成功的經驗，透過《642財富大躍遷》這本書分享與傳承，幫助閱讀本書的讀者學到成功心法，讓有緣者能在自己的本業發光發熱。

專業經歷

- ★ 智慧型立體學習（股）公司執行長
- ★ 富佳康國際執行長
- ★ 外商控股集團督導
- ★ 陸軍官校正63期少校退役
- ★ 歡喜心集團執行長
- ★ 碧芙莉直銷執行長
- ★ 沐川直銷事業最高聘總裁
- ★ 招牌課程：168成功啟動班

唐子林

大陸新住民傳奇，創業教練

從小白到千人團隊領導人，到打造月入百萬團隊168成功系統！

你能想像嗎？沒人脈，沒口才，一個平凡的女子，也能離鄉背井創業成功，更幫助同樣嫁來臺灣的新住民從伸手牌變成有能力的給予者。我的使命是幫助嫁來臺灣的新住民成為娘家的驕傲。

今年已是我進入我的直銷生涯的第九年，我成為了千人團隊的領導人，從小白到超級銷售員到找到學習系統，建構團隊，讓我收穫源源不絕的被動收入，除了要感謝很多支持我的客戶，更要感謝所有帶領我的老師，以及相信我的夥伴，我的未來不是夢，用系統帶組織；用文化來領導，幫助更多人完成夢想，這是我熱愛的工作，做一個快樂的直銷人。

專業經歷

- ★ 2023年度亞洲八大名師
- ★ 歡喜心共享空間教育長
- ★ 招牌課程：168成功啟動班
- ★ 智慧型立體學習（股）公司教育長
- ★ 廣州空軍458醫院中醫師

曾衣宸

人脈無限．金牌教練momo

曾衣宸老師是一位綜合實力非常強的專業級教練，可以為客戶提供全方位的支持和指導，幫助他們在各個領域取得成功和幸福。此外，所開設的教學課程，也將多年來累積的經驗和知識分享給更多人。這些課程不僅包括實戰應用和經驗，還有如何打造個人IP、陌生開發技巧、有效人脈實戰心法、人脈轉錢脈的實操技巧等，可以說是業務、銷售必備的實戰秘訣。

專長協助您

成功創富：商業資源整合、人脈資源整合、就業輔導
市場開發：經營社群營銷、全球社交商務、人脈開發輔導
業績成長：電商經營寶典、專業行銷話術、組織行銷倍增學
幸福經濟：會員經濟、社交裂變、團隊合作、產業平台生態鏈

專業經歷

★ 現任智慧立体商學院院長
★ 全球自媒體服務聯盟總會顧問
★ 全球人脈銀行聯合創辦人
★ 歡喜心共享空間 公關長首席顧問
★ 2022年登上直銷世紀雜誌
★ 國際人脈創業電商專業經理人
★ 人脈無限學堂創辦人
★ 曾任華歌爾公司區域專業經理人

溫世君

命運是掌握在自己的手上，一切只有靠自己努力爭取！

由水果大王轉戰斜槓微創業！全力推動終身學習，手把手地將自己的成功經驗傳承、複製，因為知識的落差就是財富的落差！讓所有喜歡學習、熱愛學習的人，都能得到最完善、最完整的教育培訓，為國家培養更多的優秀人才，提升國家競爭力。致力於推廣協助專業人士、成功人士、老闆、企業家、財經專家……出書。讓大家可以邊學習、邊賺錢、邊創業，讓智慧立体長長久久，知識傳播長長久久。

格言

只有當你開始做自己不敢做的事情時，你才會開始成長。
成功的秘訣在於多一份堅持，少一份抱怨。
只要你有信心和決心，失敗永遠不會是你的終點。
失敗讓你更謹慎，成功讓你更自信。
沒有任何一次失敗是徹底失敗，只要你從中學到了東西。
失敗並不可怕，可怕的是不去嘗試。

專業經歷

★ 智慧型立体學習（股）公司首席顧問
★ 紫竹林早餐店8年
★ 南北水果批發買賣20年
★ 台北市交通義勇警察6年

黃光啟

幫助他人成功實現夢想的圓夢師James

James目前是「跨國出版通路台灣行政副總」，也是斜槓創業教練，累積過去三十年工作經驗致力於幫助個人發揮天賦提升價值，幫助企業打造品牌、文化、使命、願景。 James以自己過去十五年業務行銷經驗加上三年的創業經驗，給自己設定七年成長之路，不再是想要自己成功，而是先要成為真心幫助他人成功實現夢想的圓夢師，才不辜負天賦使命，也才能成為品德及能力兼備的專業經理人。專業核心聚焦於組建「夢幻團隊」（例如老虎、孔雀、無尾熊、貓頭鷹、變色龍不同人格特質都可以成為夢幻團隊領袖）、行銷策略與促銷活動、學做教落實、驗收複製執行、商機分享會、新人密訓班、百萬領袖營、通路教練營等、PSN立体營銷（People業務、Shop店家、Net網紅）。

經歷

智慧立体學習（股）公司行政副總、斜槓創業教練、2023年亞洲八大名師。
十五年業務行銷（震旦行、中興保全、南山人壽）
十五年經營管理（愛加倍婚顧、迎美生技、藤峯生醫、丰云世紀）

課程

★ 如何打造夢幻團隊（老虎、孔雀、無尾熊、貓頭鷹、變色龍）

「**真永是真**」人生大道，條條是經典，字字是真理！王晴天大師率魔法講盟知識服務團隊精選 999 個真理，打造「**真永是真**」人生大道叢書，每一個真理均搭配書籍、視頻、課程等，並融入了數千本書的知識點、古今中外成功人士的智慧經驗，全體系應用，360 度全方位學習，讓你化盲點為轉機，為迷航人生提供真確的指引明燈！

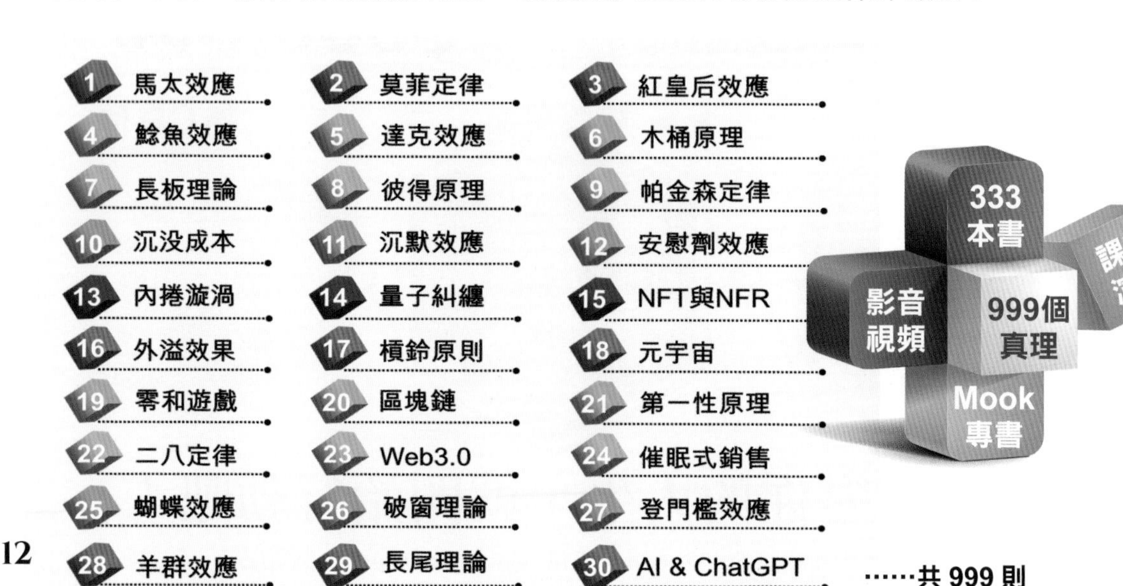